北美页岩气压裂技术

陈万钢 吴建光 王 力 李 亭 编著

科学出版社

北京

内 容 简 介

本书以介绍北美页岩气压裂技术为目的，重点介绍美国石油工程师协会（SPE）在页岩气压裂领域的技术，包括页岩气压前评价、压裂液体系、支撑剂、缝网压裂设计和施工工艺、裂缝监测、压裂效果分析、重复压裂及压裂返排液处理等方面的内容。

本书适合从事页岩气压裂的技术人员和管理人员参考阅读，也可供在校相关专业的师生阅读。

图书在版编目（CIP）数据

北美页岩气压裂技术／陈万钢等编著 . —北京：科学出版社，2018.7

ISBN 978-7-03-057069-7

Ⅰ. ①北⋯ Ⅱ. ①陈⋯ Ⅲ. ①油页岩–压裂 Ⅳ. ①TE357.1

中国版本图书馆 CIP 数据核字（2018）第 063119 号

责任编辑：焦 健 刘文杰／责任校对：张小霞
责任印制：张 伟／封面设计：铭轩堂

科 学 出 版 社 出版

北京东黄城根北街 16 号
邮政编码：100717

http：//www.sciencep.com

北京中石油彩色印刷有限责任公司 印刷
科学出版社发行 各地新华书店经销

*

2018 年 7 月第 一 版 开本：787×1092 1/16
2018 年 7 月第一次印刷 印张：12
字数：300 000

定价：98.00 元
（如有印装质量问题，我社负责调换）

前　言

能源是人类社会生存发展的重要物质基础，攸关国计民生和国家战略竞争力。美国页岩气革命对国际天然气市场及世界能源格局具有重大影响，世界主要资源国都加大了页岩气勘探开发力度。中国具备大规模开发页岩气的潜力。2015 年国土资源部资源评价结果显示，我国页岩气技术可采资源量为 21.8 万亿 m^3，其中海相为 13.0 万亿 m^3、海陆过渡相为 5.1 万亿 m^3、陆相为 3.7 万亿 m^3。页岩气压裂技术的突破是中国页岩气成功开发的关键。页岩气压裂技术理论、工艺都与常规压裂技术有显著差别。

本书编写的目的就是系统地向国内相关技术人员介绍北美页岩气压裂的理论、工艺及实践，使读者较为系统地掌握页岩气压裂理论及工艺知识，对国内页岩气开发提供指导及帮助。本书编写前，虽已有专家、学者发表了大量文献介绍北美页岩气压裂技术，但都缺乏整体的、系统的报道。由于本书材料源于公开发表的文献，部分内容在国内已有报道，可能出现重复，希望各专家学者对本书抱以学术交流、促进行业发展的态度进行审视。

本书系统总结了北美页岩气压裂技术领域近年来撰写的论文、报告，对压裂技术每个环节都进行了梳理，详细介绍了页岩气压裂理论及工艺。本书共包括 10 章。第 1 章、第 2 章由王力和李亭编写；第 3 章、第 4 章、第 7 章、第 8 章、第 10 章由陈万钢编写；第 5 章、第 6 章由陈万钢和李亭编写；第 9 章由李亭编写。许冬进参与了压裂工艺部分编写，李少明参与了缝网压裂设计部分编写，毛峥、刘文博参与了图表、部分文字的输入修改等工作。全书由吴建光校稿。

本书在编写过程中得到了中联煤层气有限责任公司、国家"十三五"科技重大专项"临兴–神府地区煤系地层煤层气、致密气、页岩气合采示范工程"和长江大学的大力支持，在此表示衷心感谢。

由于编写人员水平有限，本书难免存在不足，敬请各位读者批评指正。

作　者

2018 年 2 月

目　　录

第 1 章 北美页岩气开发历程

最近几年，随着水平钻井和水力压裂技术的进步，从页岩和煤层等致密储层中开采天然气已经变得经济可行，这促使了美国天然气产量大幅度增长。目前，美国已经成为世界第一大天然气生产国，如果把加拿大的天然气产量也计算在内，那么这两个国家的天然气产量在全球天然气总产量中所占的比例已达 25% 以上。可以看出，页岩气在美国未来的能源和经济发展中将发挥越来越重要的作用。据美国能源信息署（EIA）预测，到 2035 年美国页岩气产量在其国内天然气总产量中所占的比例将从 2011 年的 23% 提高到 49%。这进一步凸显了页岩气在美国未来能源结构中的重要地位。最近几年，美国的天然气一直保持在比较低的价位，而且波动比较小，这既为美国消费者节约了支出，又提升了美国的经济竞争力，带动了美国多个产业的复兴。因此，天然气的高效开发对美国经济发展有重要的推动作用。本章首先介绍页岩和页岩气的概念，然后重点介绍美国页岩气开发历程，以便对页岩气的开发技术发展趋势有所启迪。

1.1 基 本 概 念

1.1.1 页岩

页岩和粉砂岩地层是地壳上分布最广泛的沉积岩地层，可以说页岩地层在全球各地都有分布。在石油地质中，富含有机质的页岩地层既是烃源岩也是圈团石油和天然气的盖层。在油藏工程中，页岩地层被视为遮挡层。钻井钻遇的页岩总厚度往往要大于储集油气的砂岩层。在地震勘探中，页岩与其他岩性之间的分界面通常是良好的地震反射层。因此，不论是对于勘探还是对于油藏管理而言，页岩地层的地震和岩石物理特征以及这些特征之间的关系都很重要。

页岩是富含黏土的岩层，这些黏土通常来自细粒沉积物，沉积于海底或湖底比较平静的水体环境中，并且埋藏了数百万年。页岩地层可以充当盆地中的压力阻层，顶部封盖层或者页岩气区带的储层。更专业地讲，页岩就是以粉砂级和黏土级颗粒为主、易剥裂的陆源沉积岩。在这个定义中，"易剥离"是指页岩沿着层面剥裂为薄片的能力，"陆源"是指沉积物的来源。在很多盆地中含水体的流体压力会明显增大，这导致水力裂缝的形成和流体的排出，但是在大部分盆地中不可能出现天然水力裂缝。

页岩是一种主要由固结的黏土级颗粒组成的沉积岩。页岩地层是在低能水体环境中以泥的形式沉积的，比如在潮坪和深水盆地中，细粒黏土在静水中从悬浮状态沉淀下来。在这些极细沉积物沉积的同时，还聚集了藻类、植物和动物的有机质碎屑。极细粒的片状黏土颗粒和纹层状沉积物使页岩具有一定的水平渗透率和非常有限的垂向渗透率。低渗透率意味着页岩中圈住的天然气除非经过很长的地质时期，否则无法在岩石中轻易运动（数百万年）。页岩地层单元通常富含有机质，因此它被认为是沉积盆地中产油气的烃源岩。

页岩主要由黏土矿物组成，如伊利石、高岭石、蒙脱石等。除此之外，页岩通常还含有其他黏土级的矿物颗粒，如石英、燧石和长石。页岩可能还会有其他一些矿物成分，包括有机质颗粒、碳酸盐、铁氧化物、硫化物和重矿物等，这些矿物在页岩中出现与否取决于沉积环境。

根据有机质含量可以把页岩分为暗色页岩和浅色页岩两大类。暗色或黑色页岩富含有机质，而颜色较浅的页岩有机质含量较少。富含有机质的页岩是在少氧或无氧的水体中沉积的，这就避免了有机质腐烂。有机质主要是随沉积物堆积的碎屑。

1.1.2 页岩气

从页岩的定义来看，页岩气就是赋存在富含有机质细粒沉积岩中（页岩及相关岩性）的烃类气体。页岩所生成的天然气以吸附气（有机质表面上）和游离气（裂缝和孔隙内）的方式赋存在页岩中，因此，页岩气是自生自储型气（藏）。低渗透的页岩需要有大量的裂缝才能生产出具有商业价值的天然气。

根据化学组成，页岩气通常是以甲烷（60%~95%）为主要组分的干气，但是也有些页岩地层产湿气。安特里姆（Antrim）和新奥尔巴尼（New Albany）页岩区带一般同时产出水和天然气。含气页岩地层富含有机质，在以往的陆相天然气开发中，含气页岩地层曾被视为传统的砂岩气藏和碳酸盐岩气藏中的烃源岩和盖层。

页岩中的天然气有两种不同的成因，但也可能存在混合成因气：①有机质热解或者石油二次裂解产生的热成因气；②生物气，比如密歇根（Michigan）盆地的Antrim页岩气，就是由淡水补给区的微生物产生的。热成因气与经历较高温度和压力的成熟有机质有关。总体而言，在其他条件都相同的情况下，成熟度较高的有机质的生气量要高于成熟度较低的有机质。有机质成熟度通常用镜质组反射率（R^o,%）来表示。当镜质组反射率超过1.1%时，有机质已经达到足够高的成熟度，它可以作为有效的烃源岩生成天然气。

对于裂缝比较发育的页岩，如果含有大量的成熟有机质而且埋深较大或具有比较高的压力，那么其初始天然气产量就会比较高。例如，巴尼特（Barnett）的水平井有较高的初始储层压力，压裂后初始产量可达每日几百万立方英尺①。但是，开采一年后，气流主要受控于天然气从基质到水力裂缝的扩散速率。

页岩气不同于常规气藏的是，页岩既是生气的烃源岩，又是赋存天然气的储层。页岩的低渗透率具有捕获天然气的能力，并且阻止其往地表运移。天然气可以保存在天然裂缝和孔隙中，或者吸附在有机质的表面。随着钻井和完井技术的进步，这些天然气可以实现经济开采，北美的很多盆地都已经证实了这一点。

1.2　页岩气的评价

页岩气区带的 4 个重要特征包括：①热成熟度；②储层中所生成并赋存的天然气类型——生物成因气或热成因气；③地层的总有机碳含量（TOC）；④储层渗透率。

"岩石的热成熟度"是指岩石中所含有机物质随时间逐渐升温并被转化为液态或气态烃类的程度。TOC 是指岩石中所含的有机质总量，用质量百分比表示。通常有机碳含量越高，生烃潜力越大。

页岩的含气性与常规储层不同，除了与常规储层一样可以赋存在孔隙系统中之外，页岩气还可以吸附在有机质表面。基质孔隙中的游离气体和吸附气各自对生产的贡献及共同的贡献都是决定页岩气井产量曲线的关键因素。

页岩中所赋存的天然气总量及其分布取决于多种因素，其中包括初始储层压力、岩石物性和吸附性。页岩气生产过程中有 3 个主要的阶段。最初开采的天然气以裂缝网络中赋存的游离气为主。但游离气产量会因裂缝存储能力有限而快速下降。当初始产量递减速度稳定后，页岩气开采转变为以基质孔隙中赋存的游离气为主。基质中蕴藏的天然气量取决于页岩层的具体性质，而这种性质是难以评价的。此后，页岩气开采就以解吸的天然气为主，随着储层压力下降，吸附气就会从页岩中释放出来。在解吸附过程中，天然气的产量取决于储层压力是否发生明显的下降。

要把页岩气年产量维持在一定的水平，天然气必须从低渗的基质扩散到诱导裂缝或者天然裂缝中。一般而言，基质渗透率越高，扩散到裂缝中的速度越快，流到井筒的速度也越快。另外，裂缝发育程度比较高的页岩（即裂缝间距较短），在基质渗透率足够高的情况下，就会有比较高的页岩气产量、较高的采收率和较大的泄气面积。此外，页岩基质中的微裂缝对页岩气开采很重要，但是这些微裂缝很难识别，只有通过深入的研究和分析才能确定它们在页岩气开发中所发挥的作用。

与常规天然气藏的高采收率（50%～90%）相比，页岩气的采收率要低得多（5%～20%），但天然裂缝发育的 Antrim 页岩的采收率可达 50%～60%。近年来，路易斯安那州海因斯韦尔页岩气的采收率可能高达 30%。对于低渗透率页岩气而言，钻井和完井技术创新是提高采收率最重要的途径。在开发的初始阶段，经常找渗透率的"甜点"（sweet spots），因为甜点的日产量和采收率都要高于渗透率较低的页岩。

1.3　美国页岩气开发历程

有大量外文文献报道了美国页岩气开发历程，国内李大荣也翻译过相关文献。美国的页岩气资源量十分丰富，并且在全国各地广泛连续性分布。在美国本土 48 个州中，目前所估算的页岩气技术可采总量为 $482 \times 10^{12} \, \text{ft}^3$。相对而言，美国东北部的页岩气资源量最大，占全国页岩气总量的 63%，其次是墨西哥湾地区，占比为 13%，西南部页岩气资源量占比为 10%。在美国，页岩气资源量最大的 3 个页岩气区带是：Marcellus 页岩（页岩气技术可采资源量为 $141 \times 10^{12} \, \text{ft}^3$）、Haynesville 页岩（页岩气技术可采资源量为 $74.7 \times 10^{12} \, \text{ft}^3$）

和 Barnett 页岩（技术可采资源量为 $43.4×10^{12}ft^3$）。页岩气区带的大规模开发，使得美国页岩气产量出现了大幅度提高，2000 年产气量为 $0.388×10^{12}ft^3$，到 2010 年，产气量上升到 $4.944×10^{12}ft^3$。随着后续的大规模开发，页岩气所呈现出来的巨大潜力，将会改变美国的能源结构和消费市场。按照目前北美地区的天然气消费能力，或者按照更高的消费能力来计算的话，北美地区的巨大页岩气资源量将能满足美国未来 50 年甚至更长时间的天然气消费需求。

在 1627~1669 年，法国的地球勘探人员曾经对美国的阿巴拉契亚（Appalachians）盆地富含有机质的黑色页岩进行过描述，当时那些地球勘探人员所提到的油气实际上就是现在位于纽约西部的泥盆系页岩中的油气。在 1821 年，William Hart 在纽约州肖陶扩（Chautauqua）县佛里多尼亚（Fredonia）镇的气体渗漏带附近钻了北美第一口页岩气井，该井用来开采泥盆系的 Dunkirk 黑色页岩中的天然气，并将采出的天然气输送给 Fredonia 镇，天然气主要用于燃烧照明。实际上该井比宾夕法尼亚州石油小溪的德雷克油井早了 35 年，这种页岩气的开发为美国开创了一个全新的时代。

Peebles 在 1980 年对这段历史留下了文字记录，在靠近 Canadaway 河流的地方，一群小孩意外地引燃了天然气气苗，从而使当地居民发现了这种"可以燃烧的泉水"的潜在价值。人们先是钻了一口 8.23m 深的井，并在其中的页岩层中获得了天然气，他们利用空心圆木管将井中的天然气输送到附近的居民用来夜晚照明。后来，那些空心圆木管被换成了 William Hart 制造的厚 19.05mm 的铅管。William Hart 把地层 7.62m 深处的天然气存进一个倒置的装满水的大水槽中（相当于储气罐的功能），并在水槽与 Abel House 旅馆之间铺设了管线。在 1825 年 12 月，据 Fredonia 镇的新闻发言人所说，在 12 月 31 日晚上人们可以看到由储气罐供给天然气而点燃的 66 个漂亮的煤气灯和 150 个照明灯，其他的储气罐也有充足的天然气供应。当时，Fredonia 镇上的天然气供给和消费情况在全世界都是前所未有的。值得指出的是，实际上，这口深 8.23m 的浅井就是一口页岩气井，而天然气产自泥盆系 Dunkirk 页岩。

在 19 世纪 70 年代，美国的页岩气开发沿西部逐步扩展到伊利（Erie）湖南岸和俄亥俄州东北部地区。在 1863 年，在伊利诺伊（Illinois）盆地肯塔基州西部泥盆系和密西西比系黑色页岩中相继发现了页岩气。20 世纪 20 年代，页岩气钻井已发展到西弗吉尼亚州西部、肯塔基州、印第安纳州等地区。在 1926 年，阿巴拉契亚盆地肯塔基州东部和西弗吉尼亚州的泥盆系页岩气已经开始商业化生产，成为了当时世界上最大的天然气田。

1973 年阿以战争期间的石油禁运和 1976~1977 年的第一次石油危机，进一步促使美国能源部（DOE）加快了天然气勘探研究的步伐。在 1976 年，美国能源部及能源研究和开发署联合了美国地质调查局（USGS）、州级地质调查所、大学以及工业团体，发起并实施了针对页岩气研究与开发的东部页岩气工程（EGSP），主要考察了阿巴拉契亚盆地、密歇根盆地和伊利诺伊盆地，目的是加强对页岩气的地质、地球化学、开发工程等方面的研究，以增加页岩气的产量同时获得一批科研成果，这项研究工作一直持续到 1992 年。从 1980 年开始，美国天然气研究所（GRI）组织力量对泥盆系和密西西比系页岩天然气的潜力、取心技术、套管井设计以及提高采收率等关键问题进行了深入研究，逐步构建了以岩心实验为基础、以测井定量解释为手段、以地震预测为方向、以储集层改造为重点、以经济评价为主导的勘探开发体系。随后，页岩气勘探和研究工作迅速向其他地区展开，页岩气研究全面展开。

在 1989～1999 年，美国页岩气生产总体保持较高速度的增长，年产量翻了近两番，达到 $1.06 \times 10^{10} m^3$。20 世纪 80 年代投入运营的密歇根盆地泥盆系 Antrim 页岩到 20 世纪 90 年代已成为最具活力的页岩气产区。在 2001 年，美国能源信息署所列的 12 个大气田中，有 8 个属于非常规天然气田，福特沃斯（Fort Worth）盆地的纽瓦克（Newark）东部（Barnett 组页岩）和密歇根盆地的 Antrim 页岩均在天然气田榜上。据统计，从 20 世纪早期到 2000 年，美国只在密歇根盆地（Antrim 页岩）、阿巴拉契亚盆地（Ohio 页岩）、伊利诺伊盆地（New Albany 页岩）、福特沃斯盆地（Barnett 页岩）和圣胡安（San Juan）盆地（Lewis 页岩）生产页岩气，页岩气井约 28000 口，页岩气产量仅为 $1.12 \times 10^{10} m^3$，从事页岩气生产的公司仅有少数几家；但到 2007 年，美国已经在密歇根盆地（Antrim 页岩）、阿巴拉契亚盆地（Ohio 页岩、Marcellus 页岩）、伊利诺伊盆地（New Albany 页岩）、福特沃斯盆地（Barnett 页岩）、圣胡安盆地（Lewis 页岩）、阿科马（Acoma）盆地（Woodford 页岩、Fayetteville 页岩）等 20 多个盆地发现并成功开发了页岩气，页岩气生产井增加到 41726 口，页岩气年产量接近 $500 \times 10^8 m^3$，从事页岩气生产的公司达 60～70 家。在 2015 年，美国页岩气产量已经达到 $2803 \times 10^8 m^3$。

在 20 世纪 90 年代后，天然气钻井公司开发出了用于开采页岩细小孔隙中的石油和天然气的新技术。这一技术进步很重要，因为它"解放"了世界上一批最大的天然气资源。在 1990～2000 年间，天然气工业已经发生了翻天覆地的变化，特别是技术的快速发展，已经使从致密的页岩地层中开发天然气成为现实。2000 年以来，北美页岩气产量的快速增长已经极大地改变了全球的天然气市场格局。实际上，页岩气的出现可能是近年来全球能源市场最引人注目的发展和成果。

得克萨斯州的 Barnett 页岩气田是在页岩储层中开发的第一个大型天然气田。Barnett 页岩气开采最早始于 1981 年，当时的米切尔能源开发公司（Mitchell Energy and Development Corpcration）率先在福特沃斯（Fort Worth）盆地进行了页岩气开发。在 Barnett 页岩气成功投入开发后，人们仍认为页岩中具有比较发育的天然裂缝是页岩气开发的必要条件之一。现在低渗透的含气页岩区带被视为技术型的天然气区带。微地震裂缝成像、3D 地震、水平钻井、水力压裂以及分段压裂等技术的进步，都为页岩气的成功开发做出了重要贡献。从 Barnett 页岩中开采天然气具有很大的挑战性，原因是页岩的孔隙空间太小，天然气难以穿越页岩流入井中。钻井公司发现以足够高的压力向井中注水可以使页岩破裂，从而增大其渗透率。这些裂缝可以"解放"部分孔隙中的天然气并使其流入井中（这就是水力压裂）。水平钻井和水力压裂技术引发了一场钻井技术革命，并为多个巨型页岩气田的开发铺平了道路和奠定了基础。这些气田包括阿巴拉契亚（Appalachians）盆地的 Marcellus 页岩、路易斯安那州的 Haynesville 页岩和阿肯色州的 Marcellus Fayetteville 页岩。这些巨大页岩储层中所蕴含的天然气能够满足美国 20 年以上的消费需求。在美国北部，从页岩中开采天然气已经有 180 年的历史了。在美国纽约州 Fredonia 镇的外围地区，最早在 1821 年，出于商业目的一直在钻探天然气井。密歇根盆地的 Antrim 页岩气的开发始于 1936 年，已有超过 8000 口页岩气生产井，其中大多数钻井钻于 1987 年以后。

Barnett 页岩，发现于 1981 年，也有近 8000 口页岩气生产井。图 1.1 是福特沃斯盆地中 Newark 区块 Barnett 页岩气的开发情况。

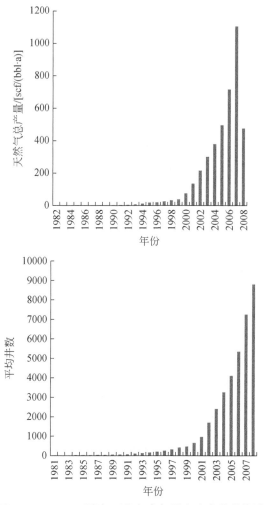

图 1.1　Barnett 页岩气区块年产气量和生产井数统计

　　在美国，天然气生产缓解了石油不足的巨大冲击，其中连续增长的页岩气产量起到了不可低估的作用。美国页岩气年产量的迅速增加进一步缓解了美国能源需求的压力。在 2008 年，美国石油对外依存度从 1977 年以来首次出现下降。在 2009 年，美国页岩气产量首度超过煤层气。据《纽约时报》2009 年 10 月 10 日的消息，美国页岩气年总产量超过 $900 \times 10^8 \mathrm{m}^3$，占美国天然气年总产量的 13%，页岩气开采技术的进步使美国的天然气探明储量增加了 40%。同时，为了减缓对俄罗斯天然气的依赖，西欧国家也积极开展了页岩气地质研究，希望借此改变世界的能源、经济以及政治格局。国际上，页岩气地质研究的热潮已经兴起，页岩气资源已经成为能源的新宠。

　　21 世纪初，已发现的主要页岩气资源区带包括：密歇根盆地北部的安特里姆页岩、得克萨斯州沃斯堡盆地的 Barnett 页岩、圣胡安盆地的 Lewis 页岩、伊利诺伊盆地的 New

Albang 页岩以及阿巴拉契亚盆地的 Ohio 页岩。后来又新发现的页岩气区带包括：俄克拉荷马州的 Woodford 页岩、阿肯色州的 Fayetteville 页岩、阿巴拉契亚盆地的 Marcellus 页岩、纽约州的 Utica 页岩以及得克萨斯州的 Eagle Ford 页岩。美国主要页岩气区块及分布特征见表 1.1。

表 1.1　美国主要页岩气区块及分布特征统计

名称	储层特征
Antrim 页岩	埋深一般在 500 ~ 2300ft，分布面积大约为 3×10^4 mi^2，其有机质含量最高可达 20%，主要由藻类物质组成。镜质组反射率为 0.4% ~ 0.6%，说明这套页岩还未达到热成熟。其埋藏比较浅
Bakken 页岩	分布在蒙大拿州和北达科他州威利斯顿（Wiuiston）盆地，它与其他页岩区带的不同之处在于，它是一套石油储层，为夹在顶、底页岩之间的白云岩，埋深为 8000 ~ 10000ft，不仅产石油，还产天然气和天然气液
Baxter 页岩	是富含石英或碳酸盐的粉砂岩。页岩的 TOC 含量为 0.5% ~ 2.5%，粉砂岩夹层的 TOC 含量为 0.25% ~ 0.75%。页岩和粉砂岩的实测孔隙度一般都在 3% ~ 6%，基质渗透率为 100 ~ 1500nD。在科罗拉多州西北部和相邻的怀俄明州的弗米利恩 Vermillion 盆地
Caney 页岩	位于俄克拉荷马州阿科马盆地，是福特沃斯盆地巴奈特页岩的同位地层，TOC 平均为 5% ~ 8%，而且与密度呈线性相关关系，估算的页岩气地质储量为 300×10^8 ~ 400×10^8 ft^3
Chattanooga 页岩	被认为是一套富含石油的页岩地层，在黑勇士盆地的大部分地区，Chattanooga 页岩都处于生气窗内，因而页岩气资源潜力可能较大
Conasauga 页岩	集中在亚拉巴马州的东北部地区。除了埃托瓦（Etowah）县境内的一口页岩气井的 TOC 含量可达 3% 以上
Eagle Ford 页岩	是一套晚白垩世的沉积岩，由富有机质的海相页岩构成，在得克萨斯州南部的大部分地区都有分布，面积为 3000mi^2。这套页岩在露头中也有出露，页岩的宽度大约为 50mi，平均厚度为 250ft，埋深为 4000 ~ 12000ft
Fayetteville 页岩	Fayetteville 页岩分布在阿科马盆地，钻遇深度在数百英尺到 7000ft
Floyd 页岩	是福特沃斯盆地高产的 Barnett 页岩的同位地层，Floyd 页岩的下段富含有机质，这段地层被非正规地称为 Neal 页岩，属于在盆地中沉积的富有机质页岩，被视为黑勇士（Blade Warrior）盆地中常规油气藏的主力烃源岩
Haynesville 页岩	分布在路易斯安那州北部和得克萨斯州东部的（North Louisiana）盐盆中，埋深为 10500 ~ 13500ft，面积大约为 9000mi^2，平均厚度为 200 ~ 300ft
Hermosa 页岩	由几乎等量的黏土颗粒级石英、白云石和其他碳酸盐矿物以及不等量的黏土矿物组成。黏土矿物黑色页岩层变少并减薄，而且没有岩盐层为其提供优质盖层
Lewis 页岩	是富含石英的泥岩，沉积环境为浅海，是在坎佩尼期西南向海退过程中沉积的，厚度为 1000 ~ 1500ft
Mancos 页岩	是新兴的页岩气区带，厚度比较大，在尤因塔盆地内平均厚度为 4000ft，分布在尤因塔（Uinta）盆地南部的 2/3 区域
Marcellus 页岩	又被称为马塞勒斯组，是一套黑色、低密度的中泥盆统钙质页岩，主要分布在俄亥俄州、西弗吉尼亚州、宾夕法尼亚州和纽约州，埋深为 4000 ~ 8500ft
Neal 页岩	是上密西西比统弗洛伊德组中的一套富含有机质页岩。Neal 页岩长期被视为黑勇士盆地常规砂岩油气藏的主力烃源岩，主要分布在黑勇士盆地的西南部地区

续表

名称	储层特征
New Albany 页岩	是富有机质的页岩，在印第安纳州和伊利诺伊州南部以及肯塔基州北部的广大区域都有分布，产层段的埋深为 500～2000ft，厚度大约为 100ft。这套页岩自上而下大体上可以划分为 4 个地层段
Niobrara 页岩	分布在科罗拉多州东北部、堪萨斯州西北部、内布拉斯加州西南部和怀俄明州东南部，在埋深 3000～14000ft 的地层中发现有油气
Ohio 页岩	这个页岩气区带从田纳西州中部一直延伸到纽约州的西南部，而且还包括 Marcellus 页岩。中、上泥盆统页岩地层的分布面积大约为 $12.8\times10^8 mi^2$，这套地层的厚度在 5000ft 以上，富含有机质页岩的净厚度超过了 5000ft
皮尔索尔页岩	位于 Eagle Ford 页岩之下，埋深为 7000～12000ft，厚度为 600～900ft
Pierre 页岩	分布在科罗拉多州的 Pierre 页岩在 2008 年产出了 $200\times10^4 ft^3$ 的天然气。这套页岩的埋深为 2500～5000ft
Utah 页岩	有 5 个富含有机质的层段，具有相当大的页岩气商业开发潜力：犹他州东北部 Mancos 页岩的 4 个地层段——普雷里（Prairie）峡谷段、Juana Lopez 段、Lower Blue Gate 段和 Tununk 段，以及犹他州东南部 Hermosa 群中的黑色页岩
Utica 页岩	发育在 Marcellus 页岩之下 4000～14000ft 的深处，有成为大型页岩气区带的潜力，埋深较大，在纽约州、宾夕法尼亚州、西弗吉尼亚州、马里兰州甚至弗吉尼亚州都有分布，页岩气资源量在 2×10^{12}～$69\times10^{12} ft^3$
Woodford 页岩	位于俄克拉荷马州的中南部地区，埋深在 6000～11000ft，这套页岩地层的年代为泥盆纪，面积近 $11000km^2$

1.4 加拿大页岩气开发历程

加拿大是继美国之后第二个成功开发页岩气的国家。加拿大非常规天然气协会（CSUG）评价结果显示，加拿大页岩气资源量超过 42.5 万亿 m^3。2011 年美国能源信息署报告显示，加拿大页岩气可采储量为 10.99 万亿 m^3，位居世界第 7。

孟浩（2014）系统归纳总结了加拿大页岩气开发历程。2000～2001 年，不列颠哥伦比亚省三叠系的 Upper Montney 页岩气开始商业性生产。2007 年加拿大第一个商业性页岩气（藏）在不列颠哥伦比亚省东北部投入开发。

加拿大能源公司 Encana 是加拿大页岩气的主要开发企业，业务集中在加拿大西部，与中国石油天然气集团有限公司、日本三菱商事株式会社有页岩气合作开发业务。

加拿大页岩气开发技术源自国外引进及国内研发。加拿大页岩气主要分布在西部，与美国西部页岩气地质结构类似，因此，包括水平井钻井、水力压裂、微地震裂缝监测等技术在美国试验成功后被引入加拿大以用于页岩气开发。加拿大国内研发是通过资助国内研究机构、大学、私人石油公司等开展技术研发，获得技术突破。

加拿大为页岩气开发商提供优惠政策。例如，对投资人当年投入资金减免税率 100%，生产期间也进行一定减税，最高减免额度为项目当年缴纳税额的 30%。

第 2 章　页岩气压前评价技术

页岩气储层非均质性强，不同的区块相差较大，即使在同一口水平井内，不同的井段也具有不同的特征，因此，需要对页岩气进行针对性的评价才能采取相对应的压裂技术，以达到最佳的开发效果。针对页岩气的评价，主要有储层地质和构造特征、岩石物理和力学特性、地应力分布等。这些参数中，对压裂至关重要的是岩石物理、力学特性以及地应力分布。本章将介绍相关评价技术。

2.1　页岩气地质储量

页岩气总的地质储量包含游离气和吸附气两部分。计算或预测储量的准确与否取决于页岩气有效孔隙度、储层厚度、含气面积和原始含气饱和度等参数的精度。页岩气地质储量的分类不同，其计算方法也不同，如图 2.1 所示，PRMS（Petroleum Resources Management System）分类方法为 2007 年 5 月 SPE、美国石油地质学家协会、世界石油理事会、石油评估工程师协会联合提出的方法。EIA 方法为美国能源署提出的方法。

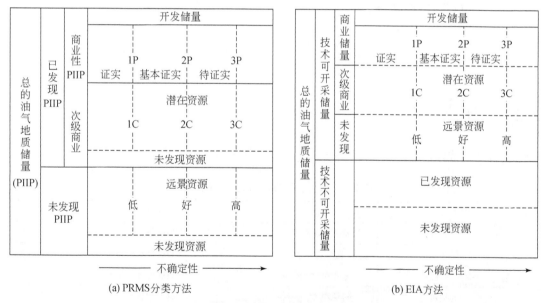

图 2.1　页岩气储量分类

PIIP：原地质储量；1P：探明储量；2P：探明储量+概算储量；3P：探明储量+概算储量+可能储量；
1C：低估算值；2C：最佳估算值；3C：高估算值

张金川等（2012）、徐美华等（2013）等归纳总结了页岩气储量计算方法：类比法、容积法（改进）以及动态法等。

（1）类比法

在页岩气勘探初期，资料较少的情况下，可以使用该方法。该方法主要是与美国和加拿大典型页岩气产区的地质特征、储层物性、化学分析等方面作比较，对资源储量有一个大概判断。

（2）容积法

容积法是计算页岩气储量最有效的方法，但所需资料较多。改进的容积法可以计算游离气的地质储量，提高页岩气静态地质储量计算精度。容积法计算页岩气游离气储量的公式如下：

$$G_f = A_g h \phi \ (1 - S_w - S_0) \ \frac{T_{sc} Z_{sc} P_i}{P_{sc} T_i Z_i} \qquad (2.1)$$

式中，A_g 为含气面积，m^2；S_0 为含油饱和度，无量纲；h 为气藏加权平均厚度，m；S_w 为束缚水饱和度，无量纲；ϕ 为地层条件下实测孔隙度，无量纲；P_{sc} 为地面压力，MPa；P_i 为地层压力，MPa；T_i 为地层温度，K；T_{sc} 为地面温度，K；Z_{sc} 为地面条件下的气体偏差因子，无量纲；Z_i 为地层条件下的气体偏差因子，无量纲；G_f 为地面标准条件下游离气地质储量，m^3。

（3）动态法

动态法是利用气藏压力、产量等时间变化的生产动态资料计算储量的，适用于有足够压力和产量变化等生产数据的情况下，它通常包括压力/累计产量法、物质平衡法（也称压降法）、递减曲线分析法等。

2.2　压前评价参数

2.2.1　评价参数

页岩气的成功压裂取决于诸多因素，在压裂之前要了解参数（表2.1）。

表 2.1　水力压裂设计所要收集的参数

参数		重要作用	取决于
地质力学方面	页岩脆性	选择流体类型	油层物理模型
	闭合压力	选择支撑剂类型	油层物理模型
	支撑剂的粒度和体积	避免脱砂	油层物理模型
	起裂位置	避免脱砂	油层物理模型
地球化学方面	矿物组分	选择液体	XRD(X射线衍射)/TIBS(激光诱导击穿光谱)/油层物理模型
	水敏性	压裂液基液盐度	CST（毛细管渗吸时间）/BHN(硬度)/浸没试验
	必要时是否可以使用酸	蚀刻所引发的问题	酸溶时间（AST）
	支撑剂或页岩颗粒是否回流	生产问题	系统知识
	表面活性剂是否有益	导流能力的保持	流量测试

地质力学方面的参数可以通过地球物理分析得到，地质化学方面的参数可以通过室内岩心分析确定。只有了解这两方面的参数，压裂才能成功并获得较好的效果。

北美地区页岩气评价包含 17 个参数，主要包括页岩有效厚度、有机质丰度、热演化程度、矿物组成、含气量、孔隙度、渗透性、构造分布、沉积、构造演化史、页岩横向连续性、三维地震资料、地层压力特征、压裂用水、输气管网、井场情况与地貌环境、污水处理与环保。早期人们侧重于页岩本身品质的评价，后来的水资源、环保和输气管网的经济环保要求等已经成为重要的评价指标（贾长贵等，2012）。

表 2.2 总结了页岩气含气特征参数及参数获取来源。表 2.3 总结了确定页岩含气特征参数及相应的要求标准。

表 2.2　页岩含气特征参数及来源

储层特征	数据来源
弹性参数	岩心测试确定动态参数、静态测试
流体参数	测井、PVT、PDA 和压力梯度测试
裂缝闭合压力	瞬时停泵压力、小压和测井测试
自由气与吸附气	现场和室内解吸实验
成熟度	镜质组反射率、有机质评价
渗透率	瞬时停泵压力、PDA、NMR
孔隙压力	瞬时停泵压力、PDA 和测井测试
孔隙度	NMR 和测井测试
岩石组分	XRD 和电镜扫描
温度	压裂和瞬时停泵压力测试
TOC	岩石矿物评价
含水饱和度	岩心分析和测井测试

表 2.3　确定页岩含气特征参数及标准

参数	预期结果
失水影响	$S_w<40\%$
深度	干气的最浅深度
裂缝类型	垂直和水平延伸方向 n
天然裂缝	张开还是充填硅质和钙质
天然气组分	CO_2、N_2 和 H_2S 的最低含量
含气孔隙度	>2%
含气类型	生物气、热成气还是混合类型

参数	预期结果
垂向上的非均质性	最好没有
矿物	石英或钙质含量>40%
	黏土含量<30%
	膨胀性差
	以生物质还是硅质为主
原始天然气含量	>100Bcf/段
渗透率	>100nD
静态泊松比	<0.25
压力梯度	>0.5psi/ft
储层温度	>230℉
密封性	具有上下遮挡层
含气显示	是否高产
水平地应力差	<2000psia
热成熟度	R°>1.4
厚度	>30m
TOC 含量	>2%
润湿性	油性润湿
杨氏模量	>3.0MMpsia

2.2.2 评价参数的重要性

页岩气开发效益的优劣取决于表 2.2 和表 2.3 评价参数的综合结果分析，根据各个参数的重要程度，具体影响大小分类见表 2.4。

表 2.4 页岩气储层评价参数的重要程度

关键参数	可控参数	重要参数	意义重大参数
原始地质储量	基质渗透率	矿物组分	地应力分布及大小
天然裂缝	含水管理	脆性指数	地质风险
压力	吸附天然气	自由气	页岩敏感性
成熟度	裂缝遮挡层	深度	干酪根类型

关键参数	可控参数	重要参数	意义重大参数
厚度		目前天然气产量	
成岩情况		有机质丰度	

要形成网络裂缝还必须综合考虑地应力状态、裂缝方向、地层倾角、井身轨迹和断层类型。如果地应力状态是正常应力状态，即垂向应力是最大应力，那么压裂时就会形成垂直裂缝。一般情况下，沿最小水平主应力方向钻页岩气水平井，有利于形成条横切井筒的网状裂缝。但如果是异常应力状态，如地层受逆断层挤压的影响局部应力发生了改变，垂向应力不再是最大应力时，压裂就可能会形成水平裂缝。另外，裂缝包括天然裂缝、次生裂缝、页理或层理等页岩中的脆弱面，是页岩压裂形成网络裂缝，获得足够的有效改造体积，确保压裂效果的必要条件之一。断层类型、井身轨迹和地层倾角的匹配关系也是能否实现有效压裂改造的影响因素（贾长贵等，2012）。

2.3　压前评价方法

页岩气有多种压前评价方法，需要根据地层条件选择适宜的评价方法。

2.3.1　页岩脆性

脆性特征可以用脆性指数来表示，脆性指数越高，页岩可压性越好。只有当页岩储层的脆性指数大于 40 时，才有可能形成复杂裂缝，同时，脆性指数越高越容易形成缝网。一般采用杨氏模量和泊松比来计算脆性指数，也可以利用矿物组分来计算脆性指数。脆性指数计算将在第 5 章详细介绍。

地质化学方面，通过岩心或切片分析，主要确定页岩矿物组分、酸溶性、对流体的敏感性等。如果页岩对外来流体比较敏感，需要做进一步的实验以确定敏感类型和程度，为压裂液的选择提供可靠依据。通过 XRD（X-ray diffraction）确定的页岩矿物组分可以用来校正岩石物理模型，从而将岩心分析结果应用到更大范围的页岩区域。

2.3.2　XRD 和 LIBS

要充分了解页岩的特征，必须知道页岩的矿物组成。对此，应用 XRD 或 LIBS（laser-induced breakdown spectra）分析确定石英、碳酸盐和黏土这三大矿物种类的含量。石英类包括石英、长石、黄铁矿等。碳酸盐类包括方解石、白云石、菱铁矿。黏土类包括所有的黏土矿物。这些测试结果与毛细管渗吸时间（capillary suction time，CST）实验结果和不溶矿物如高岭石、绿泥石等结合起来，可以确定在使用酸液时，是否会产生可流动的颗粒。利用 XRD 矿物组分分析结果，也可以确定页岩的脆性指数，判断页岩的可压性。石英、碳酸盐和黏土这三大矿物种类的含量，也可以用来计算弹性模量和泊松比。图2.2 显示了典型的 Barnett 页岩矿物属性。

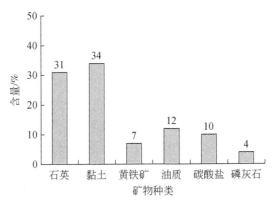

图2.2　通过 X 射线分析和 TOC 测量确定典型的 Barnett 页岩矿物属性

2.3.3　酸溶解实验

酸溶解实验主要用来确定页岩矿物能够溶解在酸液中的量。对于 Barnett 页岩，碳酸盐含量与酸溶解量之间存在较强的关联，如图2.3 所示。如果酸溶解性在低到中等，就要谨慎使用酸液，因为这容易引起颗粒运移堵塞裂缝孔隙。对于大多数页岩，常使用酸液来降低破裂压力，或降低近井筒附近的摩阻。对于酸溶解性较低的页岩，建议使用弱酸与表面活性剂的混合液来处理地层。

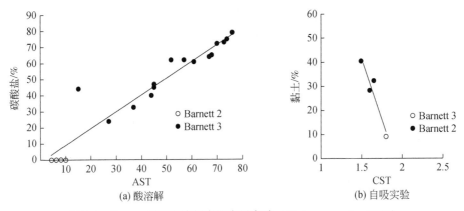

图2.3　Barnett 页岩酸溶解度和自吸实验（Rickman *et al.*，2008）

2.3.4　CST 实验

CST 实验可以充分利用页岩钻屑、碎片等页岩样品，通过对比 KCl 盐水与清水的渗吸时间，能够快速判断页岩中黏土矿物是否水敏或遇水膨胀。另外，页岩硬度实验可以用来判断黏土矿物是否会遇水膨胀。这些实验虽然只是定性评价，但是比较实用，简单快速，成本较低，具体指标见表 2.5。

表 2.5　CST 实验结果的实际应用

CST（di*）/CST（KCl）	流体敏感性	是否采取措施
<1	不敏感	不需要
1~1.5	对清水中等敏感	使用 KCl 预防
>1.5	对清水非常敏感	进一步实验，确定 KCl 用量

＊di 为去离子水。

2.3.5　岩心测试与分析

针对页岩气气藏的特点，主要对岩心进行岩石学特征分析、地球化学特征分析和储层物性特征分析。其中，岩石学特征分析包括岩矿特性分析和岩石力学测试等；地球化学特征分析包括有机质丰度、有机质类型和有机质成熟度等，其可用来确定页岩的有机质含量；储层物性特征分析包括吸附含气性评价、孔隙流体参数测定、孔渗参数和页岩敏感性评价以及天然裂缝测定等，目前主要用于页岩气藏的开发评价。在实验室岩心测试与分析主要测试岩心孔隙度、含气特征、吸附解吸参数等，主要有破碎法测试孔隙度、甲烷吸附与解吸实验以及有机碳含量测试等。

破碎法测试用于测试超低渗阿巴拉契亚 Devonian 页岩，在 Barnett 同样取得了很好的效果。常规测试是从大岩心通过甲苯萃取取小样测试获得。破碎法测试先将岩心破碎成毫米级颗粒，然后通过甲苯萃取，再用氦气测试获得孔隙度。Lower Barnett 页岩通过常规取心测试孔隙度和破碎法孔隙度测试得到的值存在一定差异（图 2.4），常规方法测的平均孔隙度为 3.8%，破碎法测试的平均孔隙度为 5.4%。破碎法测试的结果与测井结果非常接近。

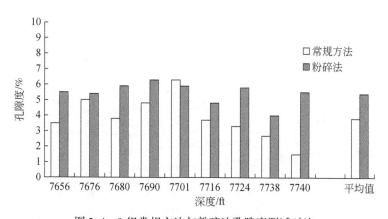

图 2.4　9 组常规方法与粉碎法孔隙度测试对比

图 2.5 是 Lower Barnett 页岩典型的吸附等温曲线，实验测试条件为 175℉、1400psi。

实验结果表明，在压力低于 1000 psi 时，解吸非常重要，吸附气占总的气体体积的 50% ~ 60%。压力高于 1000psi 后，吸附变得饱和，没有更多的气体被吸附，因此，这时在孔隙中甲烷主要以自由气的形式存在。在 Lower Barnett 页岩，储层压力为 3500 ~ 4000psi，因此，吸附甲烷气体占总的天然气地质储量的 20% 左右。

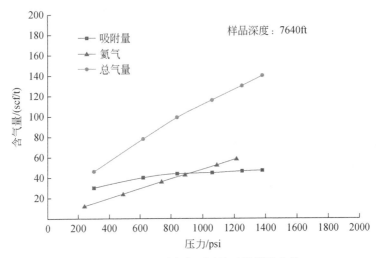

图 2.5　Barnett 页岩典型甲烷吸附等温曲线

通过室内岩心解吸吸附实验，可以确定含气量。Barnett 页岩气区块，其含气量与压力之间的关系如图 2.6 所示。基质孔隙中的含气量与压力呈直线关系，而解吸气量与压力呈曲线关系。吸附气量在总气量中约占 41%。需要注意的是，当压力较高时，会有较多的天然气储存在孔隙中，因此，这部分天然气对产量的贡献将大于解吸气。实际上，Barnett 页岩气产量主要来自基质孔隙中的天然气，而不是吸附气。图 2.6 是用来计算页岩气储量的标准方法，是在假设孔隙度为 4% 的前提下得到的，孔隙度的大小可以进一步根据测井解释结果进行校正。根据图 2.6 的曲线，可以计算出天然气的地质储量，如图 2.7 所示。

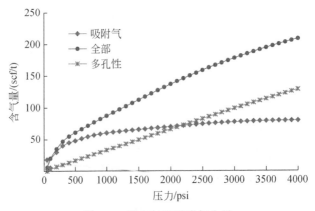

图 2.6　游离气和吸附气含量

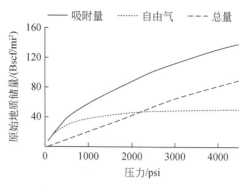

图 2.7 计算得到的页岩气储量

有些页岩气公司采取现场解吸罐的方式确定页岩气的解吸量，但是由于页岩岩样是在地层深处和较高的压力下取得的，故在取样到井口的过程中，会有一部分页岩气释放逸散出来。因此，解吸罐方式确定的页岩气量并不准确。对于页岩气来说，总含气量包含自由气和吸附气两部分，而解吸罐方式确定的页岩气量只是吸附气量的下限值。这时，就需要结合现场测井解释结果，对整个区块的平均孔隙度和吸附气量进行总体评价，才能最终预测出较为合理的地质储量。

2.3.6 测井解释方法

裸眼测井主要采用双感应、伽马（γ）射线、岩性密度、补偿中子、微电极测井、数字阵列声波、地层微电阻率扫描、核磁共振成像等。

Barnett 页岩气区块根据测井数据，已经建立了解释图版，可以比较准确地解释各种矿物组分、基质特征、天然裂缝发育情况、含气量、地层流体类型以及预测短期产气量等。利用测井资料解释岩性、矿物含量、含气量、有机质成熟度等的结果。这些结果需要进一步与岩心实验结果进行对比验证，以确保更加准确可靠。

通过声波、中子和密度测井，可以比对出页岩气中的流体组分或含量，确定出含气或含油的层位，发现最有利的开发层段。

岩石力学参数确定主要采用声波测井资料和岩石力学实验两种方法相结合，尽管该方法在常规储层中应用广泛并且比较准确，但在页岩气中并不能照搬以往的方法，需要有针对性的测井解释方法。

$$P_c = \sigma_h = \frac{v}{(1-v)} \left[\sigma_v - \alpha_v P_p \right] + \alpha_h P_p + \varepsilon_h E + \sigma_t \qquad (2.2)$$

式中，P_c 为闭合压力，MPa；σ_h 为最小水平主应力，MPa；σ_v 为垂向主应力，MPa；P_p 为地层压力，MPa；v 为泊松比；E 为弹性模量，MPa；ε_h 为水平应力构造系数，无因次；α_v、α_h 为垂向和水平方向的孔弹系数，无因次；σ_t 为岩石抗张强度，MPa。

全波列声波测井能够提供横波和纵波的时差，从而可以计算出岩石的动态弹性参数，如泊松比和弹性模量等，具体公式如下：

$$v = \frac{(R - 2)}{(2R - 2)} \qquad (2.3)$$

$$E = 13447\rho_b \frac{(3R - 4)}{\left[\mathrm{DTC}^2 R(R - 1) \right]} \qquad (2.4)$$

$$R = \frac{\mathrm{DTS}^2}{\mathrm{DTC}^2} \qquad (2.5)$$

利用上述公式确定的岩石弹性参数为动态的，需要与室内岩石力学实验所得到的静态参数相互印证后，才能使用。一般来说，动态和静态参数之间呈一定的比例关系。另外，地层非均质性和井筒内的流体等因素，会造成声波测井结果并不准确，这会进一步放大计算得到的岩石弹性参数的误差。现场测井结果与室内实验结果至少存在 5% 的误差，如图 2.8 所示。

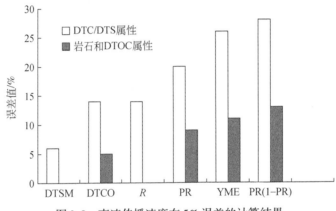

图 2.8　声速传播速度在 5% 误差的计算结果

纵波的传播时间又受到地层孔隙度和地层流体的影响，具体如下：

$$\mathrm{DTC} = \phi\mathrm{DTFL} + (1 - \phi)\mathrm{DTMA} \qquad (2.6)$$

式中，DTFL 为声波在地层含气液体中的传播时差，μs/ft；DTMA 为在基质骨架中的时差，μs/ft。假设含水 100% 时，DTMA 为 53μs/ft，DTFL 为 197μs/ft，则 DTC 为 64.5μs/ft，同时假设 DTS 为 126μs/ft，由此可以计算得到不同含气饱和度下岩石的泊松比，如图 2.9 所示。

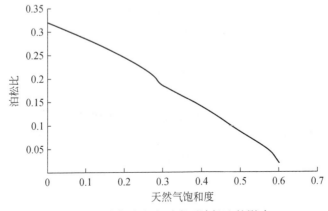

图 2.9　含气饱和度对岩石泊松比的影响

利用计算得到的声波时差曲线，并根据岩石组分含量，可以确定岩石的弹性模量和泊松比。同时，也可以根据简单的模型，利用电阻率和 GR 曲线来计算泊松比，具体如下：

$$PR\_GR = C_{PG} \times GR^{EPG} \qquad (2.7)$$

$$PR\_RESIST = C_{PR} \times RESIST^{EPR} \qquad (2.8)$$

式（2.7）和式（2.8）的系数由计算得到的声波时差曲线确定。弹性模量有下式简单计算。

$$YME\_GR = C_{EG} \times GR + O_{EG} \qquad (2.9)$$

$$YME\_RESIST = C_{ER} \times RESIST^{EER} \qquad (2.10)$$

$$YME\_PHIA = 62 \times 10^{(-0.0145 \times DTC\_PHIA)} \qquad (2.11)$$

利用伽马测井确定 TOC 和页岩含量。

在常规储层中，生产层一般认为是纯砂岩或者周围是页岩的碳酸盐岩地层。上下界位置处的页岩被认为是非储层岩石，并且常认为它具有限制水力压裂裂缝上下延伸的阻挡作用。页岩中的天然裂缝体积常通过 GR 测井曲线计算得到，具体公式可参考如下 Steiber 提出的方法。

$$V_{sh} = \frac{0.5 I_{sh}}{(1.5 - I_{sh})} \qquad (2.12)$$

式中，I_{sh} 为 GR 指数。

$$I_{sh} = \frac{(GR - GR_{sand})}{(GR_{shale} - GR_{sand})} \qquad (2.13)$$

利用多种测井曲线如 GR、中子、孔隙度以及电阻率等，也可以反演计算出声波时差曲线。利用类似 Mullen 在 2007 年所提出的计算模型，可以计算得到声波时差曲线。通过与 100% 含水的地层测井结果对比后，可以进一步校正计算结果，并能发现某些含气区域。对于有机质含量丰富的页岩地层，计算得到的声波曲线，其影响会更明显，因为实际测试时，声波在有机质含量丰富或含气量较高的地层中，其传播速度较慢。通过中子和密度测井曲线交汇得到的平均孔隙度，与实际的声波时差曲线结果比较一致。在岩石力学参数计算时，使用电阻率曲线计算得到的声波时差结果，与实际压裂测试所得到的闭合压力结果比较一致。

2.3.7　试井解释

在页岩气投产后，可以利用试井解释的方法确定页岩气的渗透率和动态压力变化等。利用试井解释得到的参数，进行生产预测。

对于页岩气，渗透率的大小仍然是压裂设计和产能预测中比较关键的参数。在对页岩气准确评价时，需要获得总的平均渗透率，以用来评价储层内流体进入天然裂缝和基质的难易程度。如果要比较准确地确定这一参数，需要对页岩岩心进行测试分析。由于页岩气渗透率在 $1 \times 10^{-4} \sim 1 \times 10^{-8}$ mD，因此在实验室内往往将岩心磨碎后才能测试渗透率的大小。

在确定整个页岩气区块的平均渗透率时，常用不稳定试井解释的方法。通过试井解释，能够确定储层总的平均渗透率和储层压力等参数，这对于产能预测、压裂设计和井距优化设计等都非常重要。如果在水力压裂后，进行试井测试，可以用来确定压后产能、压裂改造的体积范围以及判断压裂效果的好坏等。压裂之前进行的试井测试，可以确定天然裂缝的渗透率大小，往往使用氮气或清水段塞注入的方法进行压降试井，这已经在现场得到广泛应用。另外，也可以在注入氮气后，进行回流和压力恢复测试。还可以在页岩气压裂前后，分别进行压降或压力恢复测试。这些方法既可以确定储层参数，又可以确定裂缝的有关参数，它们都能用于产能预测和压裂效果分析。

　　射孔后，并没有产量，只有压裂后才有产量的情况，可以注入氮气压开页岩气，然后进行压力恢复试井。图2.10是压力和压力导数与时间的关系曲线，下方粗线为井底压力，上方实线为井底压力的导数。通过特征曲线拟合，可以确定储层的渗透率。图2.11是压力曲线的校正及分析结果，粗线为测试的压力数据，细线为模拟得到的压力线。通过理论模型计算后，两者拟合得比较好，这样就能确定页岩气的平均渗透率和储层压力。经过多次重复的试井测试后，可以比较准确地确定平均渗透率和储层压力。

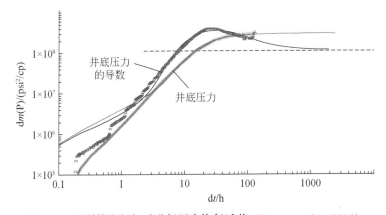

图2.10　压裂前注氮气后进行压力恢复试井（Frantz *et al.*，2005）

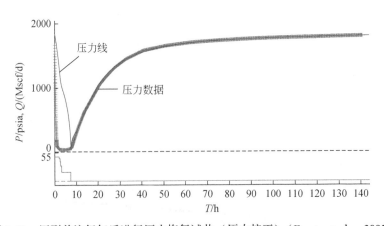

图2.11　压裂前注氮气后进行压力恢复试井（压力校正）（Frantz *et al.*，2005）

　　对于压裂之前没有产量的页岩气，也可以进行注入压降试井，向地层注入清水或氮气，致使地层破裂之后，停泵关井，测试压降阶段的井底压力，典型的测试曲线如图2.12

所示。特征曲线为实线，实测井底压力数据为散点，井底压力为灰色实线，实心粗线是井底压力的导数。图 2.13 是对图 2.12 的曲线校正，井底压力测试数据为灰色实线，井底压力的模拟结果为细线。同样，这种试井方法也能确定储层的平均渗透率和储层压力。但可以看到，解释结果并不唯一，因此，需要结合测井或者岩心实验等结果进行综合分析。

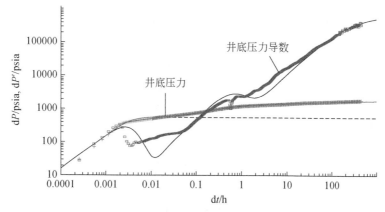

图 2.12　压裂前注水后进行压力降落试井（Frantz et al.，2005）

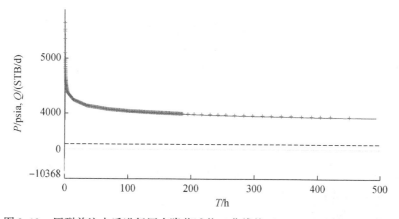

图 2.13　压裂前注水后进行压力降落试井（曲线校正）（Frantz et al.，2005）

第3章 页岩气压裂液体系

由于页岩气储层的非均质性强，必须针对不同特征的储层使用不同的压裂液体系。北美页岩气最早使用的压裂液体系是致密砂岩气藏的线性胶压裂液体系，后来随着认识的不断深入和成本控制的需要，滑溜水压裂液体系才逐步被使用，使用滑溜水压裂液体系获得了较为理想的效果。线性胶压裂液体系仍然在塑性页岩储层压裂中使用，或者根据控制裂缝延伸的需要而使用。另外，泡沫压裂液、液态二氧化碳、液态 LPG 等压裂液体系也在页岩气压裂中有所使用。

3.1 滑溜水压裂液体系

在美国北得克萨斯州 17 个县的广大 Barnett 页岩地区，1980～2009 年历经近 30 年，经过近 8000 口井的不断摸索试验，滑溜水压裂液才成为页岩气压裂的主导技术。这一技术的成功应用是一波三折、颇为不易的。

Schein（2005）给出了滑溜水压裂（又称清水压裂）的定义：利用大量的水作为压裂液，产生足够大的裂缝体积和导流能力，以便从低渗较厚的产层内获得商业性的产能。最常用的液体体系是仅仅在清水中添加高分子聚合物减阻剂或者是低浓度的线性胶（浓度仅为 10ppg）。

3.1.1 体系特色

滑溜水压裂液主要由清水和减阻剂组成，黏度较低，容易配制，成本较低，适用于页岩气压裂。其优势有以下几方面。

（1）容易形成裂缝网络

对于天然裂缝比较发育的页岩，低黏度的滑溜水压裂液很容易使天然裂缝张开，产生更多的微裂缝，有利于沟通大量的天然裂缝，从而形成复杂的裂缝网络系统（图 3.1、图 3.2）。即使大量的微裂缝没有支撑剂进入和支撑，但渗透率仍要大于页岩基质几个数量级。这些微裂缝是页岩气渗流的主要通道。

（2）容易携带支撑剂进入微裂缝

由于滑溜水黏度较低，近似清水，携砂能力低，因此，支撑剂在滑溜水中很容易沉降。由此可知，当滑溜水携带支撑剂离开井筒后，支撑剂将很快沉降在井筒周围的裂缝内。由于注入排量较大，支撑剂将在裂缝中形成一定高度的砂堤以达到动态平衡。后续注入的支撑剂将通过砂堤，不断进入新的裂缝内（图 3.3），随压裂液进入微裂缝内。微裂缝开启后被填入支撑剂，这提高了裂缝导流能力（图 3.4），特别是在裂缝垂向上部少量支撑剂便能给整个裂缝带来较大的导流能力。支撑剂在垂直裂缝中的分布情况将在第 4 章中介绍。

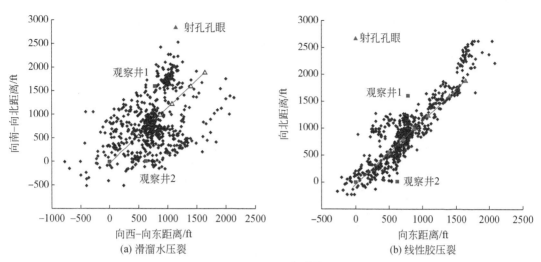

图 3.1　分别使用滑溜水水压裂和线性胶压裂时的微地震监测结果对比（Palisch *et al.*，2008）

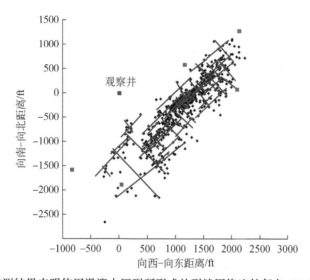

图 3.2　微地震监测结果表明使用滑溜水压裂所形成的裂缝网络比较复杂（Palisch *et al.*，2008）

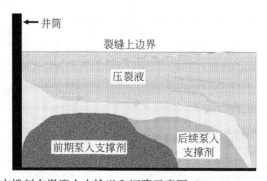

图 3.3　支撑剂在滑溜水中输送和沉降示意图（Patankar *et al.*，2002）

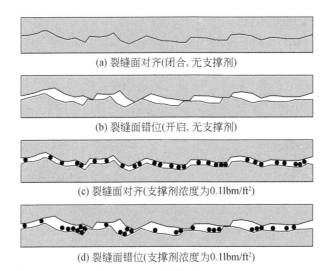

(a) 裂缝面对齐(闭合, 无支撑剂)

(b) 裂缝面错位(开启, 无支撑剂)

(c) 裂缝面对齐(支撑剂浓度为0.1lbm/ft²)

(d) 裂缝面错位(支撑剂浓度为0.1lbm/ft²)

图 3.4　实验室测试裂缝面情况示意图 （Fredd *et al.*，2004）

（3）容易形成窄小裂缝

和交联液、线性胶相比，滑溜水黏度更低，形成的裂缝宽度较小（图 3.5）。图 3.5 反映了测试缝长为 1000ft 和 500ft、缝高为 100in 条件下采用常用压裂液压裂裂缝宽度。由图 3.5 可以看出，滑溜水裂缝宽度最小。页岩储层并不需有较高导流能力的人工裂缝。滑溜水对形成微裂缝最有利，最适合用来造裂缝网络，增大裂缝与储层的接触面积，尽可能地扩大页岩改造体积和泄流面积。

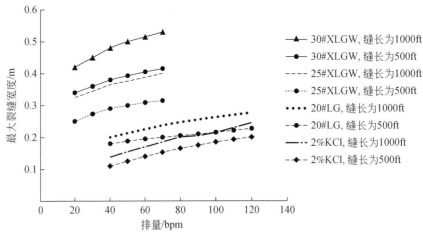

图 3.5　滑溜水和线性胶压裂液所形成的裂缝宽度对比

XLGW. 交联凝胶水；LG. 线性胶；滑溜水为 2% KCl

（4）成本较低

由于滑溜水压裂液中添加的化学剂类型较少，加量也较少，因此，滑溜水压裂液的成本较低，近似于使用清水。尽管页岩气压裂滑溜水压裂液用量较大，但是液体成本相对使用胶液大大降低。页岩气能够大规模商业开发与使用成本极低的滑溜水压裂液是分不开的。

Union Pacific Resources（UPR）是最早使用滑溜水压裂液的一家公司，早在1995年10月就在 Oak Hill 油田的 Cotton Valley 地层中使用了。该公司对滑溜水压裂后的情况进行了全面记录并对效果进行了详细分析，结果显示压裂成本可以降低30%~70%。1997年，在压裂160口井中共可节省450万美元。

（5）低伤害、易返排，返排液易处理

滑溜水压裂液对储层伤害低，容易返排，返排液也容易处理。

滑溜水压裂液同样存在以下缺点：携砂能力较低，一般仅为0.25~2.0PPA，在压裂施工结束时最大能达到2~3PPA。由于携砂能力低，要完成加砂任务，就需要较大的排量和大量的压裂液。因此，压裂液使用效率较低。另外，支撑剂在裂缝高度上不可能完全充满裂缝，这造成很大一部分裂缝无效（图3.6）。

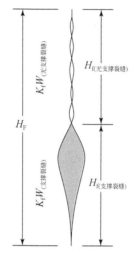

图3.6　无支撑剂裂缝仍然对页岩气产能有所贡献

3.1.2　体系组成

（1）减阻剂

减阻剂是滑溜水压裂液的主要组成部分，在清水中的添加浓度为0.25‰~1‰。主要有三种类型的减阻剂：阴离子型、阳离子型和非离子型。减阻剂的热稳定性可达400℉，在550℉下开始降解。减阻剂的化学或者热降解作用会降低其有效性，因此，如何防止减阻剂的降解将是提高减阻剂性能的一大研究课题和方向。

减阻剂会造成地层污染，因此需要破胶剂来保证减阻剂在油管内的作用时间，同时一旦减阻剂进入地层后，破胶剂能够使减阻剂很快破胶返排出地层。据实验研究发现，即使减阻剂的浓度低至0.25‰，但仍会造成250gal聚合物的潜在伤害。

由于减阻剂的类型较多，在现场选择使用时，会有一定的难度。一般需要作业方提供相应的减阻曲线。图3.7、图3.8是几种减阻剂的室内实验效果对比图，实验条件是：排量为 5gal/min、管道长度为 50ft、外径为 1.5in、测压间距为 10ft、减阻剂浓度为 0.25‰、KCl 浓度为 2%。在 10min 的时间内，减阻效果相差约 20%。不同的减阻剂效果可能存在较大差异，实际应用中需要根据具体情况优选减阻剂以达到最优效果。

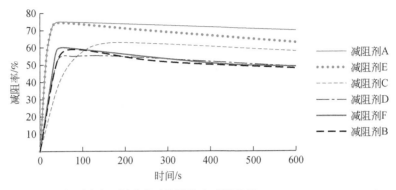

图 3.7　在不同减阻剂浓度时的滑溜水减阻效果（Kaufman *et al.*，2008）

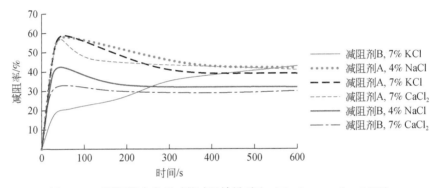

图 3.8　不同滑溜水类型时的减阻效果对比（Kaufman *et al.*，2008）

（2）杀菌剂

在滑溜水中使用杀菌剂主要是为了减少细菌的产生，但是添加杀菌剂会造成聚合物的降解，进而改变压裂液黏度等物理性能。通常情况下，氧气中的自由基团会造成聚合物的降解。杀菌剂需要与抗氧化剂或阻垢剂、防腐剂、聚合物等其他化学添加剂配伍。杀菌剂的使用需要安全高效、成本低。

常用的杀菌剂类型有季铵、戊二醛、氯化甲氧基甲基三苯基磷盐（THPS）等。在油田现场常将硫酮作为杀菌剂，实践证明这种杀菌剂不与减阻剂反应，对 APB 细菌（acid producing bacteria，产酸细菌）比较有效，与抗氧化剂的配伍性也较好。另外，杀菌剂对压裂液黏度有一定的影响，如图 3.9 所示，因此，在配制压裂液时应该考虑不同杀菌剂类型对黏度的影响程度，进行优选合适的杀菌剂。

（3）黏土稳定剂

在对页岩气大排量注入滑溜水压裂时，是否需要黏土稳定剂一直存在争论。美国东北部的页岩黏土含量很高，以伊利石为主（表 3.1），该区页岩黏土需要添加黏土稳定剂。稳定黏土的常用方法就是使用浓度为 2% 的 KCl 清水，其防膨效果较好。

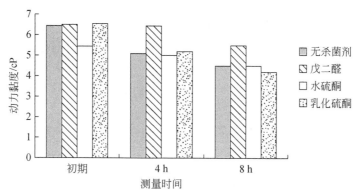

图 3.9　不同杀菌剂对滑溜水黏度的影响（Kaufman *et al.*，2008）

表 3.1　三种页岩的黏土和矿物含量

样品编号	黏土矿物学						总计			
样品描述	伊利石	高岭石	绿泥石	蒙脱石	伊利石/蒙脱石混合层	混合层中伊利石百分比	长石总量	碳酸盐岩总量	黏土矿物总量	其他总量
马塞勒斯页岩	34	13	2				3	2	49	46
尤蒂卡页岩	28	3					4	16	31	49
莱茵街页岩	30	8	1				3	2	39	44

（4）表面活性剂

使用表面活性剂的主要目的是降低表面张力。另外，最近的研究发现，表面活性剂也可以增大润湿角以起到降低毛细管力的作用。在实验室也对各种表面活性剂在页岩表面的吸附进行了大量试验，以确定吸附程度，为表面活性剂用量的优化做好准备。对于 KCl 浓度为 2% 的滑溜水，在其表活剂浓度为 0.2% 时，测试了页岩对表活剂的吸附，具体情况如图 3.10 所示。

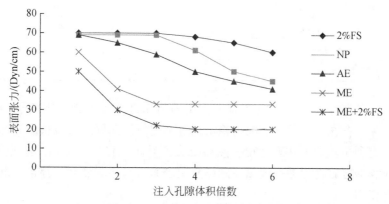

图 3.10　页岩对表活剂的吸附实验

FS. 乙氧基乙醇氟代表活剂（ethoxylated alcohol fluorosurfacant）；NP. 壬基酚乙氧基化物（nonyl phenol ethoxylate）；

AE. 十二摩尔氧化乙烯醇（alcohol with twelve moles ethylene oxide）；ME. 阴离子型微乳液（anionic microemulsion）

（5）阻垢剂

当硫酸钙、碳酸钙和硫酸钡等浓度超过一定值后，或者压力差足够大或温度较低等时，会出现结垢沉淀等问题。结垢会造成气井产量的下降，严重时甚至会使气井停产。页岩气压裂将大量的清水注入地层内，水会溶解页岩中的部分矿物，被溶解的盐类物质会带来潜在的结垢问题。当具备结垢条件时，钙、钡就会出现结垢问题，尤其当使用产出水作压裂液时，结垢问题会更加严重。

以某井为例，表3.2为压裂液水质分析，图3.11为同一压裂液返排后所得到的水中钡（Ba）和锶（Sr）的含量。

表3.2 压裂液水质分析

pH	6.7
温度/℉	72.4
比重	1.002
液体密度/(lbm/gal)	8.36
滴定氯化物/(mg/L)	100
TDS/(mg/L)	2900
含盐量/%	0.3
总硬度/(mg/L)	201
$CaCO_3$ 中的 Ca/(mg/L)	109
Ca^{2+}/(mg/L)	44
$MgCO_3$ 中的 Mg/(mg/L)	92
Mg^{2+}/(mg/L)	22
总铁量/(mg/L)	< 3
硫酸盐/(mg/L)	53
碳酸盐碱度/(mg/L)	0
碳酸氢盐碱度/(mg/L)	146
总碱度/(mg/L)	146
阻垢剂/(mg/L)	0
钡锶 P.S./(mg/L)	0

显然，这口井存在严重的结垢问题。常用的阻垢剂有磷酸盐、阴离子型有机磷酸盐等，但这些阻垢剂存在与减阻剂和黏土稳定剂等不配伍的问题。有机磷酸盐与氯化钙反应产生不溶物，有利于从地表注入地层，然后再发挥其阻垢作用，以达到阻止结垢的效果。近来，采取覆膜的方式将阻垢剂包覆在固体介质表面，与压裂液和支撑剂一起注入，可起到阻止结垢的作用。

（6）降滤失剂

现有的降滤失剂主要有烃类降滤失剂、陶粒类降滤失剂和聚合物类降滤失剂。周际永等（2014）对各类降滤失剂机理进行了总结。

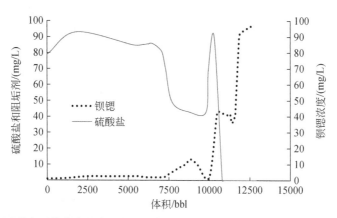

图 3.11　压裂液返排水中的表活剂、阻垢剂和钡锶含量分析（Kaufman *et al.*，2008）

烃类降滤失剂的主要作用机理是在水中形成水包油（微）乳状液，乳状液透过滤饼的滤失为两相流动，因其阻力较大，故能使滤饼的水渗透率降低。

陶粒类降滤失剂的主要作用机理是颗粒物质或颗粒连同聚合物（主要为稠化剂）在岩心表面沉积而形成滤饼，堵塞微小岩心孔道，降低液体流入岩心的速度。

由于聚合物类降滤失剂具有一定的空间网状结构和束缚自由水的能力，所以它有很好的降滤失效果。

3.2　线性胶压裂液体系

线性胶是指一般水溶性聚合物与添加剂的水溶液，是未交联的携砂液，稠化剂的浓度也比一般的交联携砂液低，它主要用于页岩气压裂缝口。线性胶分子是一种线型结构，该体系具有良好的耐剪切性能，在低砂比的情况下有利于压裂液携带支撑剂输送到较远的距离。

3.2.1　体系优势

从公开的记录来看，平均加砂浓度（支撑剂体积/压裂液体积）为 0.54 ~ 2.3PPA。大多数滑溜水压裂液的平均加砂浓度小于 1.0PPA。而使用线性胶和滑溜水组合压裂时，平均加砂浓度为 2.0PPA。因此，使用线性胶或其他胶液携砂，可以提高加砂浓度。

线性胶压裂液体系的摩阻为清水摩阻的 23% ~ 30%，因此其可以大大降低施工压力及缝内净压力，降低压裂液在缝内流动阻力，有助于对缝高的控制。线性胶压裂液体系能在要求的时间内彻底破胶，这有利于压后及时返排，降低伤害。因此，线性胶压裂液体系具有低伤害、低摩阻和有一定携砂能力的特点。

3.2.2　体系组成

线性胶压裂液体系由水溶性聚合物稠化剂与其他添加剂（如黏土稳定剂、破胶剂、助排剂、破乳剂和杀菌剂等）组成，具有易流动性，一般为非牛顿液体，可近似用幂律模型来描述。线性胶压裂液体系比较适合物性稍差的底水气藏、特低渗气藏的压裂改造，并且在低渗储层改造中取得了一定的效果。

在 Barnett 页岩早期压裂过程，多使用 30~50lb/1000gal 的交联压裂液体系，20~40 目支撑剂的用量达到 150 万 lb。直到 1997 年，才开始使用滑溜水压裂液。

3.3 其他压裂液体系

除了水基压裂液外，对于一些条件特殊的压裂作业则常常需要采用无水基压裂液，这些特殊情况主要包括以下 5 个方面：①水敏严重的地层；②低渗高压页岩储层；③压后需要长时间关井的情况；④无法获取大量水资源的地区；⑤温度较低的地区，主要是指 0℃以下的地区。

目前美国页岩气田主要使用的无水基压裂液主要包括甲醇基压裂液、泡沫（氮气或者二氧化碳）压裂液、稠化油压裂液、液化石油气压裂液等。

3.3.1 泡沫压裂液

在肯塔基州的派克（Pike）县，Equitable 公司统计了 200 口页岩气井的生产情况。这些井层位是 Berea 和 Devonian 页岩地层，采取了分层压裂的方式。其中，一半井采用氮气泡沫加砂压裂方式，另一半井采用氮气不加砂压裂方式。由于这些井都是在 1990 年左右投产的，因此，有足够的时间可以用来观察比较两种压裂方式对生产情况的影响差异。最终通过生产结果和经济效益评价表明，氮气泡沫加砂压裂方式要优于氮气不加砂压裂方式。

阿巴拉契亚的 Big Sandy 气田主要是泥盆纪 Ohio 页岩，已有 25000 口气井在生产。其中，位于肯塔基州东部和 West Virginia 西部的气井，多是几个交互层位，如 Berea 致密砂岩气层、Ohio 页岩的 Cleveland 层和 Huron 页岩同时生产。从不发育页岩层的 Big Sandy 边缘到东部超过 3600ft 厚的页岩，页岩层分布不均匀，大多厚度在 200~1600ft。该气田主要采用直井开采方式，压裂投产后的产量在 20~500Mcf/d。由于地层压力较低，并且对外来流体较为敏感，因此，采用氮气泡沫或高速注入氮气的压裂方式。

在现场水平井分段压裂施工时，氮气泡沫压裂施工的平面铺置，如图 3.12 所示。

以 UHQ（超高泡沫质量）井为例，为尽可能减少液体进入地层，采用干度为 85% 的氮气泡沫，加入超低密度支撑剂 ULW-1.05（超低密度支撑剂，比重 1.05）重量 20000lbm，泵主程序见表 3.3，施工曲线如图 3.13 所示。而此前多采用干度为 5% 的氮气泡沫，大约 92000gal 的氮气能够携带 20/40 目支撑剂约 240000lbm。压裂后的生产效果对比表明（图 3.14），相对于干度为 5% 的氮气泡沫来说，干度为 85% 的氮气泡沫压裂后的产量能够提高 50% 以上。同时，节约成本约 8%，因此，使用干度为 85% 的氮气泡沫压裂收益较大。

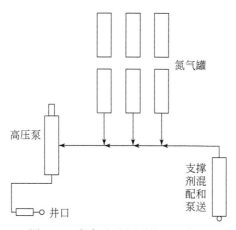

图 3.12　氮气泡沫压裂施工示意图

表 3.3　氮气泡沫压裂泵注程序

阶段	泡沫质量	ULW-1.05/lb	N_2/scf	平均排量/bpm	总液量/bbl
1	85	0	1017507	88	25.2
2	96	2712	1306294	65.7	27.0
3	96	4471	1351172	68.5	56.4
4	96	5001	1182604	75.7	71.4
5	96	509	1048727	59.9	24.5
6	96	1865	1153803	64.7	34.6
7	96	5085	1089825	83.1	50.5
8	96	5085	1041332	85.3	53.5
总计	—	24728	9191264	—	343.1

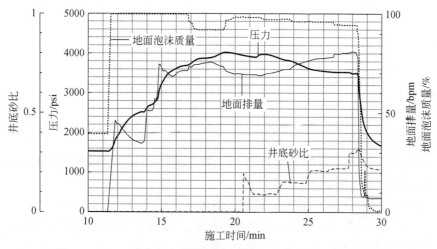

图 3.13　UHQ 井氮气泡沫压裂施工曲线（Brannon et al.，2009）

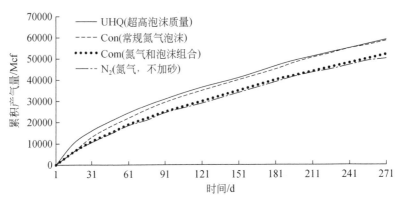

图 3.14　氮气泡沫压裂后 300 天的累计产量（Brannon *et al.*，2009）

3.3.2　LPG 压裂液

由于滑溜水压裂液使用量较大，这造成清水供应紧张，同时对地层有一定的污染，因此，许多作业公司试图寻找无水压裂液，以减少清水的用量。液化石油气（liquefied petroleum gas；LPG）压裂液作为今后的一个发展方向，已经在现场有所应用。

相对于滑溜水压裂液，LPG 压裂液的主要组成是丙烷和丁烷，与天然气储层互溶性较好，注入地层的气体也很容易在井口与甲烷分离出来，对地层没有污染（表 3.4）。同时，LPG 压裂液不需要处理地面返排水，而这正是滑溜水压裂液的一个比较棘手的问题。使用 LPG 压裂液时，先在地面注入交联的 LPG，或者丙烷和丁烷的混合物，然后与支撑剂混合后泵入地层。LPG 压裂液具有低黏度、低摩阻和低密度等特点，因此，所需要的泵注压力较低，泵注速度较大。

表 3.4　LPG 和滑溜水压裂液的特征对比

特征	LPG	滑溜水压裂液
黏度（@105°F）/cP	0.08	0.66
比重	0.51	1.02
表面张力/(dyne/cm)	7.6	72
生成反应物	非破坏性	潜在破坏性

使用 LPG 压裂液所产生的裂缝尺寸与常规压裂的对比如图 3.15 所示。可以看出，LPG 压裂无水锁，有效裂缝长度显著增加。

使用 LPG 压裂液压裂后的产量与使用滑溜水压裂后的对比情况如图 3.16 ~ 图 3.18 所示。图 3.16 中 IP（initial production）为初始产量，30 天、60 天和 90 天产量都比常规压裂有显著增加。由图 3.1 可以看出，LPG 返排率能达到 100%，而水基压裂液最高仅能达到 60% 左右。

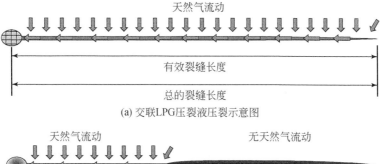

图 3.15　LPG 和滑溜水压裂液所形成裂缝的对比（Tanmay，2014）

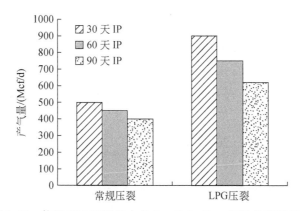

图 3.16　使用 LPG 和滑溜水在 Ansell Cardium 区块的产量对比

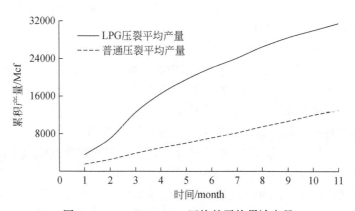

图 3.17　Ansell Cardium 区块的平均累计产量

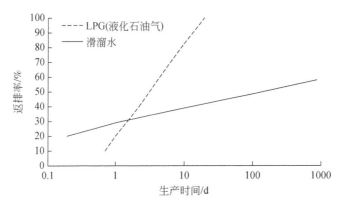

图 3.18　使用 LPG 和滑溜水压裂液的返排情况对比（Tanmay，2014）

在 2008 年 1 月，在加拿大首次使用 100% 的交联 LPG 压裂液。到 2009 年 6 月，共有 210 口井使用了这种压裂液，适用井深为 750 ~ 11500ft。丁烷的临界温度为 213℉，超过此温度，将不能使用。丙烷的临界温度为 350℉。温度超过 213℉，常将丁烷和丙烷混合使用。商业化的 LPG 压裂液纯度较高，具体见表 3.5。

表 3.5　两种 100%LPG 压裂液的组成

项目	HD-5 液化石油气规格	HD-5 液化石油气的典型组成
乙烷		1.4%，以液体体积计量
丙烷	最低含量 90%，以液体体积计量	96.1%，以液体体积计量
丙烯	最高含量 5%，以液体体积计量	0.41%，以液体体积计量
丁烷、重烃	最高含量 2.5%，以液体体积计量	1.8%，以液体体积计量
硫黄	最高含量为 120ppm，以重量计量	0ppm 以重量计量

注：1ppm=0.001%。

在 T_c=206.1℉，P_c=606.6psi 情况下，LPG 丙烷气液相态图分布如图 3.19 所示。在饱和度线之上，为纯液态；而在饱和度线之下，为气态。因此，只要温度控制在 70℉，最小压力为 125psi 丙烷就能保持为液态。

在压力为 280psi 下，丙烷液体经过交联与支撑剂混合后，泵入地层。图 3.20 是井深为 7000ft，地层温度为 140℉时压裂施工过程中的丙烷相态。可看到，在地面储存到交联、加砂和压裂的整个施工过程中，丙烷都保持在液态。

施工一旦结束，初始状态为液态的丙烷很快就与地层流体融合在一起。在天然气地层中，丙烷与甲烷混合在一起，具有如图 3.21 所示的相态曲线。

压裂液的黏度对压裂施工所需要的泵注压力和支撑剂输送都有较大的影响。LPG 压裂液的黏度与清水和含 40% 甲醛的清水压裂液等的对比如图 3.22 所示。可以看出，LPG 压裂液的黏度远远低于清水，因此，压裂施工中的摩阻相对较低，这对地面泵压的要求降低较多。

表面张力的对比如图 3.23 所示。较低的表面张力意味着 LPG 压裂液返排时，在页岩基质孔隙中的毛细管力将较低，也就更容易返排。

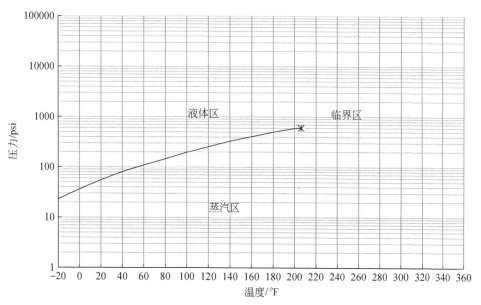

图 3.19　丙烷气液相态分布（Tudor *et al.*，2009）

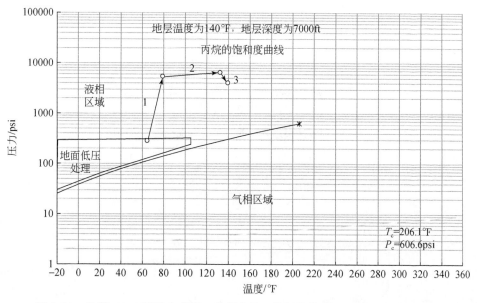

图 3.20　井深 7000ft 丙烷在井底、井筒和井口的相态分布（Tudor *et al.*，2009）

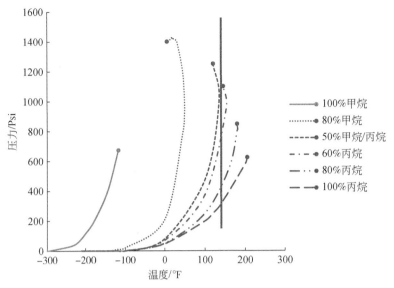

图 3.21　地层条件下，丙烷的相态分布（Tudor *et al.*，2009）

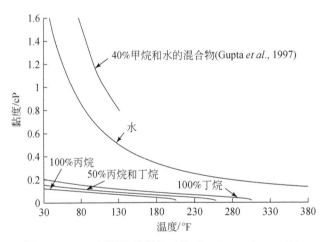

图 3.22　LPG 压裂液黏度的对比（Tudor *et al.*，2009）

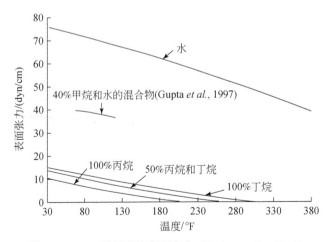

图 3.23　LPG 压裂液的表面张力（Tudor *et al.*，2009）

3.3.3　微乳压裂液

由于页岩气压裂所用的滑溜水体积在万立方米以上，实际返排出的液体体积约占注入体积的30%，因此，仍有大量的液体滞留在页岩地层内。尽管滑溜水配方比较简单，只在清水中添加了少量的减阻剂和表面活性剂等，但这些化学添加剂仍然会对页岩造成一定伤害，如水锁、吸附、堵塞孔隙和吸水膨胀等。因此，如何减少液体在页岩地层中的滞留是一个很重要的研究课题。有多家页岩气公司和技术服务公司已经提出用微乳压裂液处理地层，这不仅能够提高气体产量，而且能够提高页岩气的采收率。

3.4　压裂液优化需要考虑的因素

针对页岩气的储层特征和矿物组成等，需要开发配套的压裂液体系。在室内要做大量的实验评价工作，主要步骤和考虑因素如图3.24所示。根据室内实验的各项评价结果，综合分析后，最终确定压裂液的配方和用量。

压裂液体系的设计对于页岩气压裂效果来说，至关重要，所以进行大量的实验评价工作是必不可少的一个重要过程，应该引起足够重视。

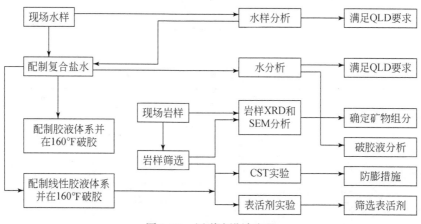

图3.24　压裂液设计流程

第4章 支 撑 剂

页岩气压裂的主要目的是形成复杂裂缝网络，即主次裂缝等多级尺寸的裂缝组合。为了获得尽可能大的有效支撑裂缝体积，要求支撑剂能够进入次级裂缝甚至微裂缝中，只有这样才能保证充填并支撑裂缝，因此页岩气压裂与常规储层所用支撑剂的主要区别为支撑剂的粒径大小。本章主要介绍页岩气压裂所用的新型支撑剂及支撑剂在缝网中的运移和分布，以及存在的支撑剂成岩作用和网络裂缝导流能力测试等。

4.1 有效支撑裂缝网络对产能的影响

尽管裂缝监测能够确定裂缝延伸的范围和方位，但不能确定裂缝是否被支撑或者支撑裂缝的具体位置。页岩气压裂形成的复杂裂缝网络由主裂缝和次级微裂缝组成，一般认为主裂缝中分布着大量的支撑剂，但次级微裂缝中到底有多少支撑剂很难确定。如果微裂缝中没有支撑剂，那么在压裂结束后，这部分微裂缝将很快闭合，其对页岩气产量的贡献将非常小，因此，应尽可能地将支撑剂充填入微裂缝。

微裂缝的导流能力对产能的影响可以通过数值模拟手段研究，基本参数见表 4.1 和表 4.2。

表 4.1　页岩气数值模拟所用基本参数

基本参数	数值大小	单位
储层深度 D	7000	ft
基质渗透率 k	$1 \times 10^{-4} \sim 1 \times 10^{-2}$	mD
初始孔隙压力 P_i	3000	psi
有效厚度 h	300	ft
孔隙度 ϕ	0.03（$k=1\times10^{-4}$ mD）～0.09（$k=1\times10^{-2}$ mD）	—
含水饱和度 S_w	30	%
储层温度	180	°F
天然气黏度 μ_g	0.019	cP
天然气比重 γ_g	0.6	—
岩石压缩系数 c_f	3×10^{-6}	psi^{-1}

表 4.2　页岩气数值模拟所用裂缝基本参数

项目	导流能力 $(k_f w_f)/(\text{ft} \cdot \text{mD})$	缝宽 $(w_f)/\text{ft}$	缝高 $(h_f)/\text{ft}$
未支撑	0.5；5	0.006	$300-(h_f)_{arch} (h_f)_{propped}$
砂拱	42000000	0.018	3
支撑	270（100 目） 8100（20/40 目陶粒）	0.054	150（50% 充填） 75（25% 充填） 30（10% 充填）

假设主裂缝下部有支撑剂充填，随着裂缝高度的增加，裂缝中支撑剂充填的数量不断减少，在裂缝顶部，没有支撑剂充填。同时，在主裂缝的端顶部存在着微裂缝，尽管没有支撑剂充填，但仍有一定的渗透能力，相对于页岩基质来说，这部分微裂缝的渗透率是比较大的，因此，其对页岩气产量有一定的贡献。整条裂缝的支撑情况如图 4.1 所示。

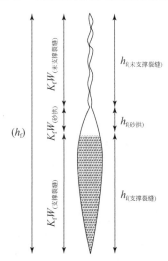

图 4.1 支撑剂在垂直裂缝中的分布情况（Cipolla，2009）

根据不同的充填支撑情况，当基质渗透率为 0.01mD，支撑裂缝导流能力为 270ft·mD 时，假设充填支撑比例分别为 10%、25%、50%，通过数值模拟得到所对应的产量如图 4.2 所示。由图 4.2 可知，如果裂缝网络和未支撑裂缝的渗透率均为 0.5ft·mD 时，裂缝充填支撑的程度对产量影响较大，但当裂缝网络和未支撑裂缝的渗透率均为 5ft·mD 时，裂缝充填支撑的程度对产量影响较小。

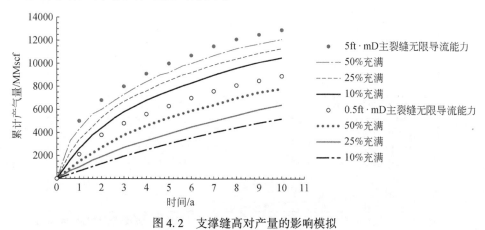

图 4.2 支撑缝高对产量的影响模拟

$k = 0.01mD$，100 目

当支撑裂缝导流能力与未支撑裂缝的导流能力相同，均为 0.5 ~ 5ft·mD 时，裂缝的充填支撑程度对产量的影响变得意义不大，如图 4.3 所示。这说明裂缝需要支撑，只有支撑后其才具有较高的导流能力，页岩气才能具有较高的产量。

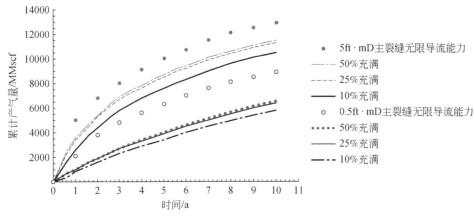

图 4.3　支撑缝高对产量的影响模拟

$k = 0.01\text{mD}$，导流能力较低

支撑剂在裂缝网络中的平面分布情况对产量的影响有以下 5 种情况（图 4.4）：①单一主裂缝；②支撑剂垂直于主裂缝，分布长度为 100ft；③支撑剂垂直于主裂缝，分布长度为 100ft，并且均匀分布在裂缝网络中；④支撑剂垂直于主裂缝，分布长度为 200ft；⑤支撑剂垂直于主裂缝，分布长度为 200ft，并且均匀分布在裂缝网络中。

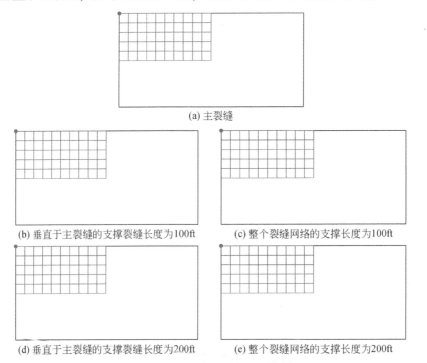

图 4.4　无限裂缝网络导流能力

图 4.5 表明，假设裂缝网络的导流能力为 0.5ft · mD，当基质渗透率为 0.01mD 时，支撑剂在裂缝网络中的分布对最终产气量有较大影响。另外，裂缝网络宽度为 200ft 时生产效果要优于 100ft 的效果。

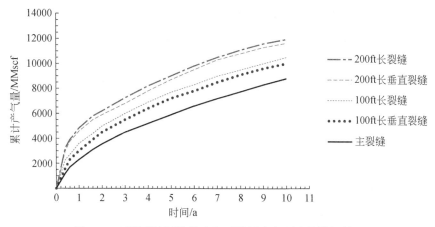

图 4.5　无限裂缝网络导流与无限导流主裂缝的模拟结果

$k=0.01\mathrm{mD}$，$k_f w_f=316\mathrm{ft}\cdot\mathrm{mD}$，缝网导流为 $0.5\mathrm{ft}\cdot\mathrm{mD}$

另外，也可以假设不同的基质渗透率、裂缝网络导流能力和裂缝支撑情况等，利用上述类似的数值模拟方法，模拟裂缝支撑充填程度对最终产气量的影响。可以得到类似的结果，如图 4.6 和图 4.7 所示。由于裂缝充填程度对页岩气的产量影响较大，因此应尽可能地充填微裂缝。即使充填裂缝的导流能力较低，但仍会远远高于页岩基质的渗透率，因此，微裂缝的支撑为页岩气渗流提供了主要的流动通道，从而最终决定页岩气的产量大小。另外，通过对实际产量的数值拟合，也可以证实上述结论，因此，对于页岩气藏的开发来

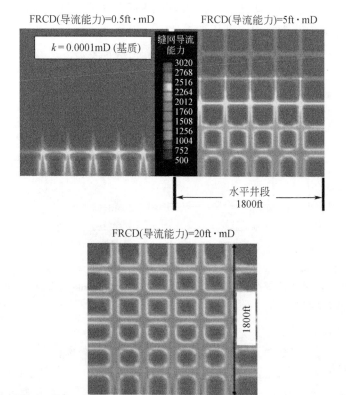

图 4.6　裂缝网络导流能力对页岩气孔隙压力的影响（1 年）（Palisch *et al.*，2008）

说，应尽可能获得较多的微裂缝和改造体积，同时，应将微裂缝支撑起来，以保持有效渗流状态。这也从另外一个方面，对压裂设计和施工提出了更高的要求，需要考虑支撑剂在微裂缝中的分布形态和支撑情况。目前，在支撑剂的空间分布研究方面，仍处于空白，急需大型的物理模拟实验和更加复杂的压裂模拟计算模型以及开发出相应的商业软件。

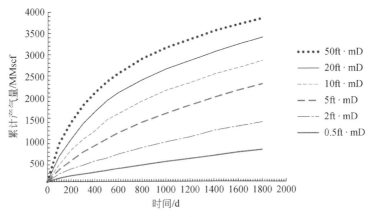

图 4.7　裂缝网络导流能力对页岩气累计产量的影响（5 年）（Palisch *et al.*，2008）

　　尽管上述数值模拟结果显示裂缝导流能力对产能的影响较大，但在数值模拟时，没有考虑裂缝导流能力的变化，而是固定在某一值。在实际生产过程中，随着支撑剂的嵌入或破碎等影响，裂缝导流能力在不断下降。通过室内实验表明，支撑剂导流能力的实验与现场实际地层的差异较大，如图 4.8 所示。如果要求页岩气藏保持一定产能，就需要保证裂缝导流能力稳定在某一范围之内，在压裂设计时，应该考虑支撑剂破碎和嵌入等情况，适当增大裂缝导流能力的设计值，以抵消导流能力的下降部分。

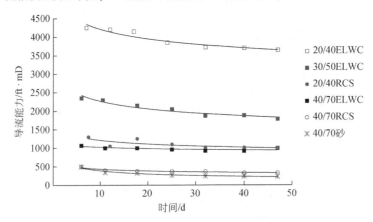

图 4.8　各种支撑剂导流能力的衰减情况（Handren and Palisch，2007）
ELWC. 超低密陶粒（extra light weight ceramic）；RCS. 覆膜砂（resin coated sand）

4.2　页岩气常用的支撑剂

　　支撑剂主要有三类：陶粒、石英砂和覆膜砂（树脂砂）。石英砂强度低并且破裂后的碎屑会堵塞裂缝，降低导流率，不能满足深井开采的要求。覆膜砂克服了石英砂强度低的难题，但生产成本高、工艺复杂。烧结陶粒因强度高、化学稳定性好、优越的性价比已被越来越多的油田广泛采用，但其密度偏高，容易对压裂设备造成损害（周少鹏等，2013）。

页岩气开发是一个系统的、庞杂的工程，其技术要求高，资金投入多。水平井开发和水力压裂是页岩气开发的核心技术。与常规胍胶压裂液相比，滑溜水有利于形成复杂的裂缝网络，极大地提高了压裂增产效果。因此，页岩气压裂往往使用滑溜水作为压裂液，并采用大排量、低黏度的施工方式。但由于滑溜水黏度低、携砂能力差，加之页岩气储层具有低孔、低渗的特点，支撑剂沉降与运移规律不同于常规的胍胶压裂液。压裂施工所选用的支撑剂必须满足低密度、小粒径、低砂比的施工要求。目前，适用的最为广泛主要有超低密度陶粒支撑剂以及覆膜砂支撑剂等。

4.2.1 超低密度支撑剂

在页岩气藏大规模压裂时，滑溜水是最常用的压裂液，由于滑溜水的黏度近似于清水，因此，滑溜水基本上无法悬浮支撑剂，支撑剂被携带到更远的裂缝端部主要依靠的是滑溜水的高速流动和冲刷。常规支撑剂在滑溜水中的沉降过程是瞬间的，为了延长支撑剂的沉降时间和增大有效支撑裂缝长度，开发出了低密度和超低密度支撑剂。页岩气压裂施工广泛使用超低密度支撑剂，它使得压裂效果和页岩气藏开发的经济效益大为提高，因此，超低密度支撑剂的使用是页岩气压裂开发的一项特色技术。超低密度支撑剂既具有较高的强度，同时又具有较低的密度，相对于常规支撑剂来说，超低密度支撑剂的沉降速度大大降低，它可以获得较长的裂缝和较高的裂缝导流能力。

在北美页岩气压裂中较为常用的超低密度支撑剂是 ULW-1.05，这是一种经过热处理的纳米复合微球。这种支撑剂没有毒性，密度为 1.054g/cm^3，圆球度均为 0.9 左右，适用的最高温度为 130℃，承受的最大闭合压力为 55.2MPa。这些基本性能均能够满足北美地区的页岩气储层要求。

这种超低密度支撑剂的尺寸多为 40/70 目，也有 14/40 目，可以根据储层需要，生产不同的粒径，基本形状如图 4.9 所示。

图 4.9　超低密度 ULW-1.05 支撑剂（Brannon *et al.*，2009）

相对于常规支撑剂，超低密度支撑剂的显著特点是沉降速度较小。图 4.10 是 20/40 目、40/70 目石英砂与 14/40 目、40/100 目超低密度支撑剂沉降速度对比，可以看出石英砂沉降速度明显快于超低密度支撑剂，并且粒径越小，沉降速度越慢。

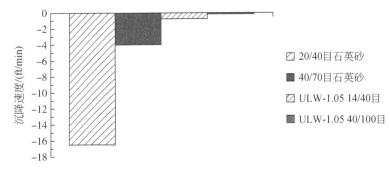

图 4.10　ULW-1.05 支撑剂与石英砂的静态沉降速度对比（Brannon *et al.*，2009）

　　各种支撑剂在压裂液中的静态沉降速度对比结果如图 4.11 所示。显然，低密度支撑剂的静态沉降速度最低，说明支撑剂密度对沉降速度的影响较大。对于滑溜水压裂液，如果要将支撑剂输送到更远处的微裂缝中，那么需要尽可能地降低支撑剂的密度。

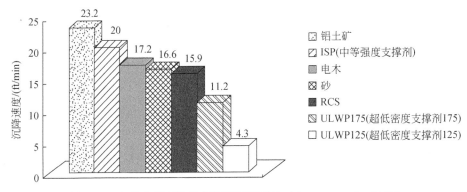

图 4.11　各种支撑剂的静态沉降速度对比（Brannon *et al.*，2009）

　　超低密度支撑剂除了具有较低的沉降速度等优势之外，还能够减小嵌入地层，这样就能够保持足够的导流能力。超低密度支撑剂在单层铺砂条件下的嵌入实验，如图 4.12 所示。与常规支撑剂的嵌入实验比较来看，这种超低密度支撑剂的嵌入量较少。

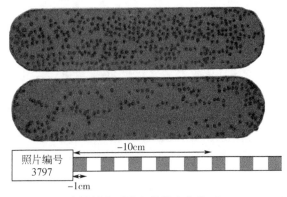

图 4.12　ULW-1.05 支撑剂在页岩上的嵌入实验（Brannon *et al.*，2009）

注：实验条件为 5000psi，200℉

4.2.2 自悬浮支撑剂

为了降低支撑剂在滑溜水中的沉降速度,除了降低支撑剂自身密度的方式之外,还可以通过改变支撑剂表面的润湿性或体积的方式来控制沉降速度。自悬浮支撑剂就是利用表面的化学处理以达到降低沉降而开发出的一种新型支撑剂。自悬浮支撑剂是在石英砂或陶粒外面包裹一层水凝胶聚合物。这种聚合物遇水后可以水化膨胀,降低支撑剂在低黏度压裂液中的沉降速度(图4.13),它能够将支撑剂输送到更远处,以达到使其分布均匀的目的(图4.14)。该技术不仅能够提高液体利用效率,提高支撑剂输送效果,而且可以减缓支撑剂导流能力的下降速度,减小对支撑裂缝的污染。

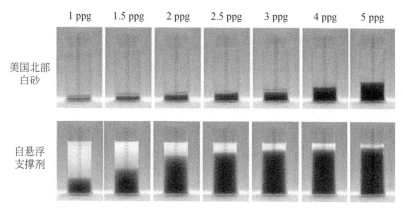

图4.13 自悬浮支撑剂与砂的沉降对比(Brian *et al.*, 2015)

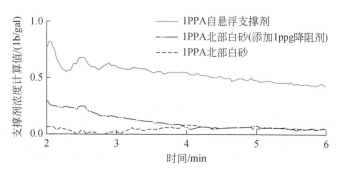

图4.14 自悬浮支撑剂与常规支撑剂的流动特征对比(Brian *et al.*, 2015)

4.2.3 100目支撑剂

由于页岩气压裂过程中形成裂缝网络的特殊性,为了携带支撑剂进入微裂缝并起到支撑作用,需要粒径较小的支撑剂。在常规储层压裂中,用来封堵微裂缝的100目甚至更小粒径的支撑剂,往往用在页岩气的压裂,它的主要作用是支撑微裂缝,增大有效支撑体积,而不是为了降低滤失而封堵微裂缝,如图4.15所示。

图 4.15　100 目支撑剂（Al-Tailji *et al.*，2016）

　　尽管支撑剂的粒径较小，但对支撑剂各方面性能的要求并没有降低，仍然要求有较高的抗闭合能力，同时圆球度、粒径分布等都要满足页岩气的需要。针对页岩气压裂所开发出来的小粒径支撑剂，如粉陶、粉砂等，它们都有一定的行业评价标准。对于 100 目的陶粒支撑剂，由于粒径较小，因此对粒径的分选程度要求较高。粒径的测试评价结果见表 4.3，由表 4.3 可以看出，粒径分布相对比较集中，主要在筛孔尺寸为 70 目、80 目和 100 目。另外就是抗破碎能力，要保证有效支撑，支撑剂只有具有较好的抗闭合能力，才能获得较长的支撑时间，进而保证稳产时间较长。

表 4.3　100 目支撑剂的性能（据 Al-Tailji *et al.*，2016）

参数	#1 样品		#2 样品		#3 样品		#4 样品	
	质量/g	百分比/%	质量/g	百分比/%	质量/g	百分比/%	质量/g	百分比/%
50 目	12.22	12.0	0.38	0.4	33.71	32.4	0.19	0.2
70 目	22.70	27.2	31.31	28.7	34.12	32.8	38.67	38.1
80 目	22.34	21.9	42.45	39.0	14.13	13.6	33.15	32.7
100 目	21.80	21.4	25.37	23.3	12.22	11.8	17.39	17.1
120 目	11.86	11.6	7.49	6.9	6.96	6.7	7.33	7.2
140 目	4.03	4.0	1.32	1.2	2.11	2.0	2.94	2.9
200 目	1.62	1.6	0.53	0.5	0.57	0.5	1.56	1.5
底盘	0.42	0.4	0.11	0.1	0.05	0.0	0.15	0.2
总质量	101.99		108.86		103.87		101.38	
70/140 目		59		70		34		60
50/140 目		86		99		67		98
40/140 目		98		—		99		—
最小直径 d_{avg}/mm	0.210		0.200		0.248		0.205	
平均直径 d_{50}/mm	0.225		0.221		0.290		0.234	
球度	0.3~0.7		0.5~0.8		0.5~0.8		0.5~0.8	
圆度	0.3~0.7		0.5~0.9		0.4~0.8		0.4~0.9	
视密度	2.65		2.67		2.65		2.66	
体积密度/(g/cm³)	1.47		1.51		1.51		1.52	
7K 破碎率/%	25		15		15		21	

在支撑剂基本性能评价中，除了要求粒径分布均匀、具有一定闭合能力之外，还要求支撑剂具有一定的导流能力。通过导流能力实验，对不同类型的支撑剂进行了评价，结果如图4.16所示。

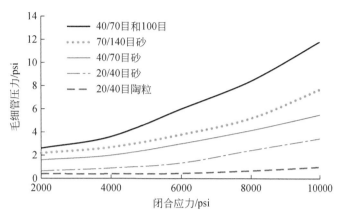

图 4.16　不同支撑剂的毛管力与应力之间的关系

在国内的支撑剂性能评价的行业标准中，推荐的流体介质是盐水，没有考虑在实际地层中会存在多种流体类型的情况，因此，实验结果与实际地层情况下的流动能力会有一定的差别。考虑到油气水等多相流体介质同时并存的情况进行驱替时，不同类型的支撑剂在一定的闭合压力下，导流能力测试结果如图4.17所示。

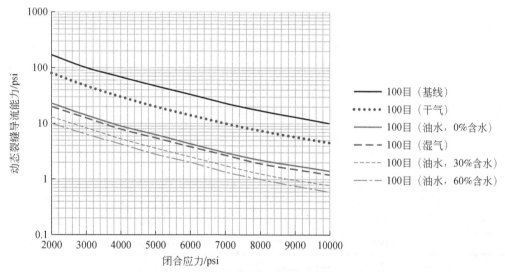

图 4.17　不同支撑剂的导流能力与应力之间的关系

100 目，铺砂浓度为 1lb/ft²

三种低密度支撑剂的具体参数，见表4.4。

表 4.4　三种低密度支撑剂的性能

项目	ULW-1	ULW-2	ULW-3
常规密度	1.08	1.25	1.75
体积密度/(g/cm³)（没有闭合压力）	0.6	0.77	1.19
支撑剂孔隙度/%（没有闭合压力）	44	36	31
球度	1	0.62±0.7	0.78±0.1

国外常用的三种低密度支撑剂的粒径分布情况，如图4.18所示。

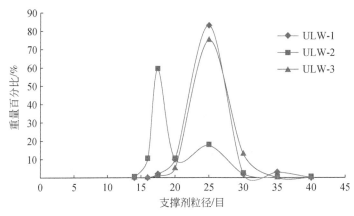

图4.18　三种低密度支撑剂的粒径分布（Gaurav *et al.*，2010）

另外，通过对上述三种低密度支撑剂进行不同的组合，测试其对应的抗破碎和抗闭合能力，具体参数，见表4.5。通过这种组合测试，可以看到所对应的弹性模量存在一定的差距，因此，在实际的压裂施工时，可以根据地层的闭合压力和岩石强度大小，对支撑剂的组合或类型进行优化设计，尽可能地使支撑剂砂堤的弹性模量与实际地层的弹性模量相接近，从而避免支撑剂过多地嵌入到地层产生破碎。

表 4.5　由不同支撑剂组成的砂堤所对应的弹性模量

项目	质量比（15000psi, 25℃）	质量比（15000psi, 95℃）	杨氏模量（15000psi, 25℃）	杨氏模量（15000psi, 95℃）
ULW-1	4%	0.4%	25000psi	20000psi
ULW-2	2.5%	1.5%	25000psi	20000psi
ULW-3	14%	30%	45000psi	45000psi

4.3　支撑剂在裂缝中的运移与沉降

通过室内实验（图4.19、图4.20），模拟研究支撑剂在页岩气复杂缝网系统中的运移沉降规律。经过大量的实验结果分析后，发现相对于以往的常规沉降理论来说，支撑剂在缝网中的运移更加复杂，它受到缝宽、裂缝壁面、缝网形态和对流等多种因素的影响。

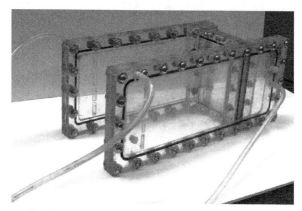

图 4.19 模拟支撑剂在裂缝网络中的运移实验（Dayan *et al.*，2009）

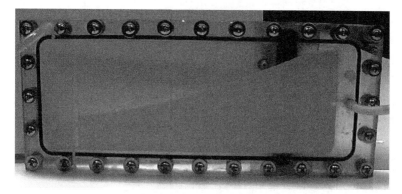

图 4.20 支撑剂沉降剖面（Dayan *et al.*，2009）

4.3.1 支撑剂输送的影响因素

对于页岩气藏压裂来说，主要靠使用大量的滑溜水来携带和输送支撑剂，因此，研究支撑剂在滑溜水中的沉降和输送规律具有重要的实际应用价值。目前，主要通过室内模拟实验、进行动态观察和数据分析的方式，考察裂缝壁面、加砂浓度和压裂液黏度等对支撑剂沉降和输送的影响。

（1）裂缝壁面对支撑剂沉降和输送的影响

支撑剂在裂缝中的运移距离和沉降速度受裂缝壁面的影响较大，如图 4.21 所示。图中横坐标表示的是支撑剂粒径与裂缝宽度的比值，纵坐标是距离裂缝壁面不同位置的支撑剂沉降速度与裂缝宽度中间位置的沉降速度之比。由图 4.21 可知，对于甘油这种牛顿流体来说，支撑剂沉降速度受到裂缝壁面的影响较大，在裂缝壁面位置，沉降速度明显急剧下降，而对羟乙基纤维素非牛顿流体来说，支撑剂沉降速度受到裂缝壁面的影响相对较小，沉降速度平缓降低。通过上述实验，也为支撑剂在滑溜水中的沉降提供了类似的参考，即裂缝壁面对支撑剂在滑溜水中的沉降影响较大，在裂缝壁面位置，支撑剂速度会明显较低，这有助于将支撑剂输送到较远的位置，从而增大裂缝的有效支撑长度。

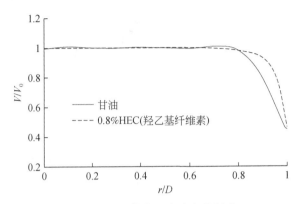

图 4.21　壁面对支撑剂在非牛顿流体中沉降速度的影响（Dayan *et al.*，2009）

（2）加砂浓度对支撑剂沉降和输送的影响

支撑剂浓度对沉降速度具有一定的影响，这主要是因为支撑剂颗粒的聚集干扰作用造成大量的支撑剂成团或成簇沉降。无论是在牛顿流体还是非牛顿压裂液中，支撑剂都存在类似沉降规律。在图 4.22 中，横坐标表示的是支撑剂的体积含量，纵坐标表示的是支撑剂的平衡沉降速度与最大沉降速度之比。图 4.22 表明，随着支撑剂颗粒的增多，即加砂浓度的增加，支撑剂的平衡沉降速度逐渐降低。这是因为支撑剂颗粒之间的相互干扰，使得大量的支撑剂颗粒聚集成一个整体。由此，以这些颗粒整体为单元，更容易在压裂液中产生对流，从而降低沉降速度，有利于延长输送距离。

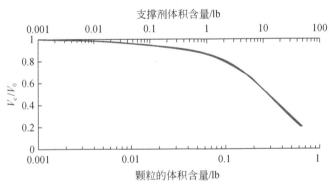

图 4.22　浓度对支撑剂沉降速度的影响（Dayan *et al.*，2009）

（3）压裂液黏度对支撑剂沉降和输送的影响

加砂浓度的增大，会导致含砂压裂液的黏度迅速增加，如图 4.23 所示。图 4.23 中，横坐标表示的是支撑剂的体积含量，纵坐标表示的是混砂液的黏度与压裂液的黏度之比，可看到混合支撑剂后，压裂液的黏度上升较快。

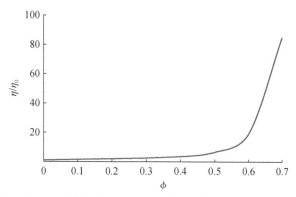

图 4.23　砂液黏度与压裂液黏度的比值与含砂量的关系 （Dayan *et al.* ，2009）

4.3.2　提高支撑剂输送距离的方法

　　页岩气主要采用滑溜水压裂方式，其目的是形成裂缝网络并增大支撑裂缝的改造体积，因此，要求支撑剂能够最大限度地充满裂缝以形成有效支撑。由于滑溜水黏度较低，难以悬浮支撑剂，因此如何降低支撑剂在滑溜水中的沉降速度是影响支撑剂输送距离的关键（图 4.24）。通过改变支撑剂的表面特性，在注入过程中使得支撑剂表面产生微小泡沫，这样就有大量的泡沫充填在支撑剂颗粒之间，起到降低支撑剂沉降的作用，从而能够将支撑剂输送到更远的距离。支撑剂在滑溜水中的沉降和分布进行的物理模拟实验证明了这一点。同时结合生产数值模拟分析，显示生产效果较好。另外，在室内也对这种支撑剂的导流能力进行了相关实验，并与常规的支撑剂情况进行了对比。结果表明，无论是室内实验还是产能模拟，均表明使用这种表面改进型的支撑剂效果较好（图 4.25）。

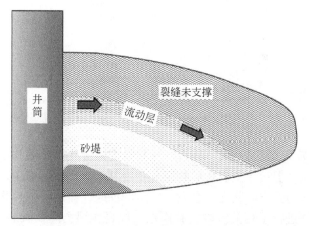

图 4.24　滑溜水砂堤与支撑剂输送 （Kostenuk and Browne，2010）

　　另外，经过处理后，支撑剂的导流能力也有较大的提高，如图 4.26 和图 4.27 所示。

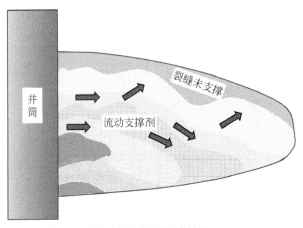

图 4.25　加入支撑剂输送改进剂后的支撑剂沉降情况（Kostenuk and Browne，2010）

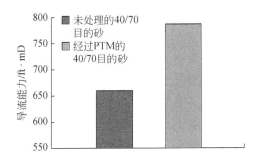

图 4.26　支撑剂导流能力的对比（Kostenuk and Browne，2010）

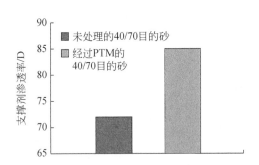

图 4.27　支撑剂渗透率的对比（Kostenuk and Browne，2010）

　　尽管通过提高支撑剂输送距离，能够获得较长的裂缝支撑长度和一定的导流能力，有利于提高页岩气产量，但由于页岩中矿物组分较为复杂，在长期的生产过程中，支撑剂产生破碎，其矿物组分与页岩矿物之间会发生一定的反应，会产生成岩作用。国外已经注意到这方面的问题，并进行了相关室内实验模拟。成岩作用会降低页岩气的采收率，因此，应重视这一问题。例如，马塞勒斯页岩支撑剂破碎将采收率从 10.2% 降至 9%，而支撑剂成岩作用将采收率从 10.2% 降至 7%。鉴于支撑剂的破碎和支撑剂成岩作用的巨大不利影响，施工时需要在水力压裂的设计阶段采取缓解措施，以确保采收率的最大化。

第5章 页岩气裂缝网络压裂设计

页岩气与常规油气储层压裂的最大区别在于形成的裂缝形态不同，这也是页岩气能够得到大规模开发的主要原因。由于页岩气压裂所形成的是裂缝网络，不再是经典压裂理论中所假设的沿井筒对称分布的两翼裂缝，因此，以往的压裂模型已经不再适用于页岩气。为此，本章主要介绍页岩气裂缝网络的形成条件、缝网设计模型以及设计方法等，本章对于缝网压裂的有关理论进行了探讨。

5.1 页岩气裂缝网络的形成条件

复杂裂缝网络简称缝网，它是由压裂过程中产生的张性裂缝和剪切裂缝构成的。无论是张性裂缝还是剪切裂缝，都要有足够的导流能力和改造体积。

5.1.1 页岩脆性指数

如果页岩具有显著的脆性特征，那么其将比较容易形成裂缝网络，这是实现体积改造的前提条件。脆性特征采用脆性指数来表征，页岩脆性指数越高，页岩的可压性越好。根据美国页岩气压裂经验，只有当页岩储层的脆性指数大于40时，才有可能形成裂缝网络，同时脆性指数越高越容易形成缝网。一般采用杨氏模量和泊松比来判断，如图5.1所示。

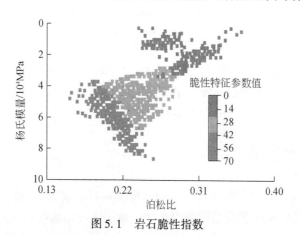

图 5.1 岩石脆性指数

另外，也可以利用矿物组分来计算脆性指数，见下式。

$$B_I = \frac{C_{quartz}}{C_{quartz} + C_{clay} + C_{carbonate}} \times 100\% \tag{5.1}$$

式中，B_I 为脆性指数，%；C_{quartz} 为页岩中石英质量分数，%；C_{clay} 为页岩中黏土矿物质量分数,%；$C_{carbonate}$ 为页岩中碳酸盐矿物质量分数,%。

　　根据现场实践,Cipolla(2009)总结了相关数据,拟合得到裂缝形态与页岩脆性指数之间存在一定的关系,如图5.2所示。

脆性特征参数/%	裂缝形态示意图		裂缝闭合剖面
70	缝网	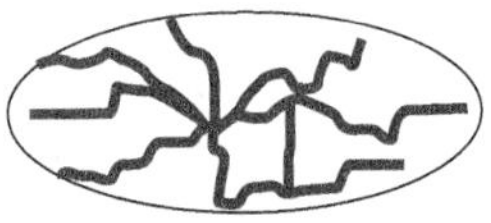	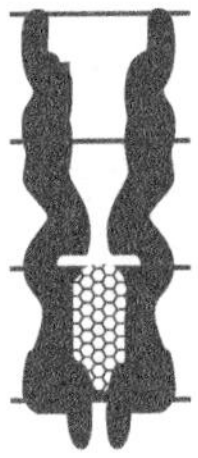
60	缝网		
50	缝网与多缝过渡	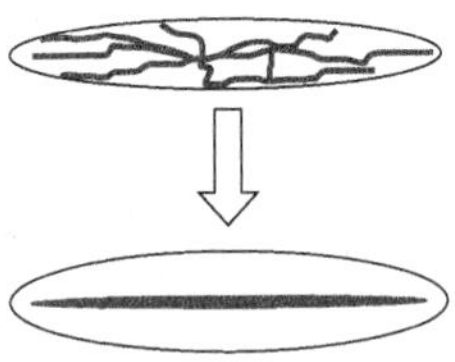	
40	缝网与多缝过渡		
30	多缝		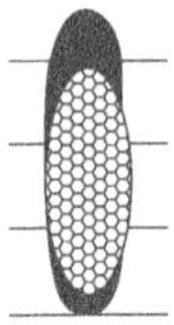
20	两翼对称	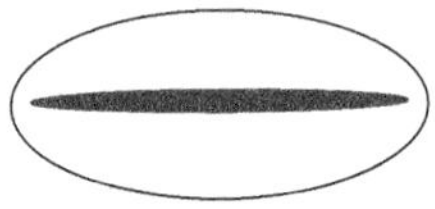	
10	两翼对称		

图5.2　裂缝形态与页岩脆性指数的关系

　　另外,页岩的脆性指数也可利用弹性模量和泊松比等岩石力学参数进行计算。脆性指数的计算公式如下:

$$YM\_BRIT = \frac{YMSC-1}{7} \times 100 \tag{5.2}$$

$$PR\_BRIT = -400 \times (PRC-0.4) \tag{5.3}$$

$$Brit = \frac{YM\_BRIT+PR\_BRIT}{2} \tag{5.4}$$

式中,YMSC 为综合测定的杨氏模量,MPa；PRC 为综合测定的泊松比,无量纲；YM_BRIT 为均一化后的杨氏模量,无量纲；PR_BRIT 为均一化后的泊松比,无量纲；Brit 为脆性系数,%。该公式不适用静态参数的脆性指数计算。

5.1.2　页岩层的结构弱面

　　胡永全等(2014)总结了北美页岩层间结构弱面对形成缝网的影响,并认为储层中存在足够的结构弱面是实现体积改造的前提条件。地层中的结构弱面一般是天然裂缝、节理及层理或者基质中的薄弱点。结构弱面的抗张、抗剪强度都远小于基质岩石的抗张强度,在压裂过程中先于基质受力破坏延伸或者开启。Daneshy(1974)研究认为,储层的弱面强度与方位以及天然裂缝所受的远井场水平主应力差是影响水力裂缝延伸的主要因素。

5.1.3　天然裂缝对裂缝形态的影响

地层中存在的天然裂缝对压裂造成较大的影响。在压裂过程中，随着压力的增大，天然裂缝张开，造成大量压裂液滤失，这容易出现过早脱砂而造成砂堵。

随着对页岩气压裂认识的不断深入，人们对天然裂缝的作用也有了观念上的改变。页岩气压裂使用大排量注入的方式，可以维持天然裂缝的持续张开。滑溜水压裂液对天然裂缝的伤害基本可以忽略，因此更容易在页岩气中形成裂缝网络，获得较高的产量。

压裂形成的主裂缝遇到天然裂缝时，两者之间存在一定的交互影响，一般存在如下三种关系：①主裂缝穿过天然裂缝；②主裂缝改变原有延伸方向，天然裂缝张开并沿着天然裂缝的方向延伸；③主裂缝继续延伸，但当压力超过一定值后，天然裂缝张开，两者之间交互影响，产生裂缝网络或复杂裂缝。

裂缝网络是页岩层压裂改造所期望的理想水力裂缝形态，除了考虑页岩层的地应力分布、岩石力学性质外，还需要考虑天然裂缝张开的情况。Nolte 和 Smith 最早给出天然裂缝张开压力计算如下式。

$$P_{\text{fo}} = \frac{\sigma_{\text{H}} - \sigma_{\text{h}}}{1 - 2\upsilon} \tag{5.5}$$

式中，P_{fo} 为天然裂缝张开的缝内临界压力，MPa；σ_{H} 为最大水平主应力，MPa；σ_{h} 为最小水平主应力，MPa；υ 为岩石的泊松比（小数），无量纲。

在压裂施工过程中，如果压裂施工泵注压力超过天然裂缝张开的缝内临界压力，则容易使天然裂缝张开，水力裂缝以裂缝网络形式扩展。同时，为了尽可能地沟通天然裂缝，最终形成裂缝网络，也要求增大排量。

5.1.4　水平应力差对裂缝形态的影响

通常在高水平应力差条件下，容易产生较为平直的水力主缝。水平应力差对水力裂缝形态的影响可以用水平应力差系数来表示，见下式。

$$K_{\text{h}} = \frac{\sigma_{\text{H}} - \sigma_{\text{h}}}{\sigma_{\text{h}}} \tag{5.6}$$

式中，K_{h} 为水平应力差系数；σ_{H} 为最大水平主应力，MPa；σ_{h} 为最小水平主应力，MPa。

水平应力差异系数是评价页岩气储层可压性的主要指标之一。水平应力差异系数越大，产生网状裂缝的可能性越小，在产生水力主缝的同时也往往产生分枝多裂缝；反之，水力裂缝则容易沟通随机天然裂缝，沟通裂缝呈无规则网状结构，形成裂缝网络。水平应力差系数的大小，直接影响压裂裂缝的几何形态。通常认为，当应力差异系数小于 0.3 时，有利于形成人工裂缝网络，并且水平应力差异系数越小，越有利于形成裂缝网络。

5.1.5　页岩可压性

页岩的可压性与脆性指数呈正相关，与断裂韧性呈负相关，可用乘积的方法综合考虑各种因素对可压性的影响。用页岩的可压裂指数来表示压裂的难易程度，见下式。

$$F_{roc} = \frac{2B_1}{K_{IC}K_{IIC}}$$
(5.7)

式中，F_{roc}为可压裂指数；K_{IC}为产生张开裂缝时的断裂韧性；K_{IIC}为产生剪切裂缝时的断裂韧性。

　　根据给定的岩石力学参数，利用式（5.7），可得到页岩储层的可压裂指数。如图5.3所示，越靠近右下角，颜色越深，说明可压裂指数越高，裂缝比较容易延伸，页岩也越容易压裂产生复杂裂缝；越靠近左上角，颜色越深，表明可压裂指数越低，页岩越难被压裂产生复杂裂缝形态。

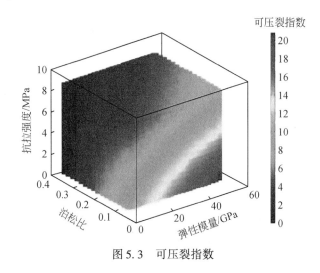

图5.3　可压裂指数

5.1.6　应力干扰计算

　　裂缝内的净压力对裂缝周围的地应力有较大影响，尤其是在裂缝的横截面方向上。假设裂缝较长，在大部分长度内，净压力基本不变，仅在裂缝端部存在不同的净压力。裂缝在垂直于最小水平主应力的方向上张开，所产生的诱导应力分布如图5.4所示（李少明，2017）。

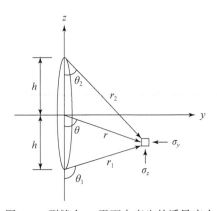

图5.4　裂缝在zy平面内产生的诱导应力

根据 Sneddon 和 Elliot 等所提出的理论，无限长裂缝在均质弹性体中所产生的诱导应力计算如下。

$$\Delta\sigma_y = \frac{Ph^2r}{\sqrt{(r_1r_2)^3}}\sin\theta\sin\frac{3(\theta_1+\theta_2)}{2} + P\left[\frac{r}{\sqrt{r_1r_2}}\cos\left(\theta-\frac{\theta_1+\theta_2}{2}\right)-1\right] \tag{5.8}$$

$$\Delta\sigma_z = P\left[\frac{r}{\sqrt{r_1r_2}}\cos\left(\theta-\frac{\theta_1+\theta_2}{2}\right)-1\right] - \frac{Ph^2r}{\sqrt{(r_1r_2)^3}}\sin\theta\sin\frac{3(\theta_1+\theta_2)}{2} \tag{5.9}$$

$$\tau_{yz} = \frac{Ph^2r}{\sqrt{(r_1r_2)^3}}\sin\theta\cos\frac{3(\theta_1+\theta_2)}{2} \tag{5.10}$$

$$\Delta\sigma_x = \upsilon(\Delta\sigma_y + \Delta\sigma_z) \tag{5.11}$$

式中，h 为半缝高，m；P 为裂缝内的净压力，MPa；υ 为地层岩石的泊松比；$\Delta\sigma_x$、$\Delta\sigma_y$、$\Delta\sigma_z$ 为在 x、y、z 方向上引起的诱导应力，MPa；τ_{yz} 为在 yz 平面上引起的诱导剪应力，MPa；r 为地层中任一点与裂缝中心的距离，$r=\sqrt{y^2+z^2}$，m；r_1 为地层中任一点与裂缝下端点的距离，$r_1 = \sqrt{y^2+(z+h)^2}$，m；r_2 为地层中任一点与裂缝上端点的距离，$r_2 = \sqrt{y^2+(z-h)^2}$，m；θ 为裂缝中心与裂缝壁面上任一点的夹角，$\theta=\arctan\frac{y}{z}$，rad；$\theta_1$ 为裂缝下端点与裂缝壁面上任一点的夹角，$\theta_1 = \arctan\frac{y}{-z-h}$，rad；$\theta_2$ 为裂缝上端点与裂缝壁面上任一点的夹角，$\theta_2 = \arctan\frac{y}{h-z}$，rad。

根据上述公式，可以计算得到垂直于裂缝壁面所产生的诱导应力与距离之间的关系，如图 5.5 所示。由图 5.5 可知，压裂过程中所产生的诱导应力在最小水平主应力方向上，增加幅度最大，在最大水平主应力方向上，有所增大，但增大幅度较小；随着距离的增大，诱导应力下降较快；当垂直距离增大到裂缝半高的 3 倍后，诱导应力变化较小，基本趋于稳定。

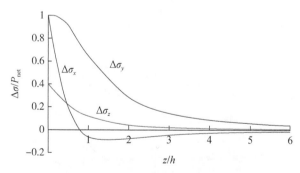

图 5.5　诱导应力与 z 值的关系

在确定了上述参数，并对页岩的可压性做出综合分析后，就可以确定相应的施工方案。根据缝网设计参数和压裂规模，选择合适的射孔方式和参数，选取合适的泵注参数和加砂方案，最后完成缝网压裂施工。

另外，在缝网压裂设计和施工时，还必须综合考虑地应力状态、裂缝方向、地层倾角、井身轨迹和断层类型。如果地应力状态是正常应力状态，即垂向应力是最大应力，压裂时就会形成垂直裂缝。一般情况下，如果页岩气水平井沿最小水平主应力方向，这有利于形成多条横切井筒的网状裂缝。如果是异常应力状态，如地层受逆断层挤压的影响，局部应力发生了改变，垂向应力不再是最大应力，这时压裂就可能会形成水平缝。另外，裂缝包括天然裂缝、次生裂缝、节理或层理等页岩中的脆弱面，裂缝是页岩压裂形成裂缝网络，获得足够的有效改造体积，确保压裂效果的必要条件之一。断层类型、井身轨迹和地层倾角的匹配关系也是能否实现有效压裂改造的影响因素（贾长贵等，2012）。

5.2 缝网压裂模型

传统水力压裂模型不适用于天然裂缝及层理发育、各向异性的页岩缝网压裂分析，它们需要建立专门的缝网压裂模型来模拟页岩缝网扩展规律。张士诚等（2011）、程远方等（2013）等在缝网压裂模型方面报道过国外研究进展，并各自又开展了大量研究，取得了丰富的成果。线网模型是目前主流的页岩体积压裂模拟模型，该模型基于流体渗流理论，将复杂缝网等效成两簇垂直于最大、最小水平主应力方向的均匀截面，通过模拟压裂液在缝网中的渗流过程得到缝网几何形态参数。

5.2.1 线网模型

斯伦贝谢公司基于压裂液与裂缝扩展以及应力干扰之间的交互影响，提出一种线性分析或半分析理论模型。线网模型（HFN模型）最早由Xu等（2009b）提出，该模型基于流体渗流方程及压裂液质量守恒方程，同时考虑流体与裂缝及裂缝之间的相互作用。线网模型基本假设如下：①压裂改造体为沿井轴对称 $2a×2b×2h$ 的椭球体；②将缝网等效成两簇分别垂直于 x 轴、y 轴的面，缝间距分别为 Δx、Δy；③考虑流体与裂缝以及裂缝之间的相互作用；④不考虑压裂液滤失。线网模型几何示意图如图5.6所示。

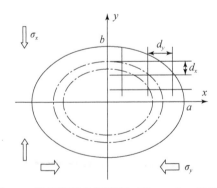

图5.6 线网模型几何形态（Xu et al.，2009b）

（1）质量守恒方程
根据质量守恒定律，在不考虑滤失的情况下，注入地层压裂液的总体积与形成的裂缝网络中各裂缝体积之和相等,见下式。

$$qt_i = h\left(\sum_{i=1}^{N_x} L_{xi} \bar{W}_{xi} + \sum_{j=1}^{N_y} L_{yj} \bar{W}_{yj} \right) \tag{5.12}$$

式中, q 为压裂液流量, m^3/d; t_i 为施工时间, d; h 为半缝高, m; N_x、N_y 分别为平行于 x 轴、y 轴的裂缝的条数; L_{xi}、L_{yj} 分别为平行于 x 轴的第 i 条裂缝和平行于 y 轴的第 j 条裂缝的长度, m; $\bar{W}_{xi}$、$\bar{W}_{yj}$ 分别为平行于 x 轴第 i 段裂缝和平行于 y 轴第 j 段裂缝的平均缝宽, mm。

（2）流体渗流方程

基于压裂液在裂缝中的流动规律,同时引入形状因子 B 描述流体在椭圆形断面的流动,对传统 N-S 方程进行简化改进,获得压裂液椭圆流公式,见下式。

$$\frac{1}{x} \frac{\partial}{\partial x}\left[\frac{B(1+\gamma)xw_x k_{fx}}{\pi\gamma\mu d_x} \frac{\partial p}{\partial x} \right] = \frac{\partial \phi}{\partial t} \tag{5.13}$$

$$\frac{1}{y} \frac{\partial}{\partial y}\left[\frac{B(1+\gamma)yw_y k_{fy}}{\pi\gamma\mu d_y} \frac{\partial p}{\partial y} \right] = \frac{\partial \phi}{\partial t} \tag{5.14}$$

式中, k_{fx}、k_{fy} 分别为沿 x 轴、y 轴方向的裂缝渗透率, mD; w_x、w_y 分别为沿 x 轴、y 轴的缝宽, mm; μ 为压裂液黏度, $mPa\cdot s$; γ 为椭圆纵横比; B 为椭圆积分。

（3）缝宽方程

基于裂缝缝宽与裂缝内压力,最小水平主应力的关系,同时引入应力干扰系数反映裂缝间的相互干扰,获得计算裂缝缝宽的数学公式,见下式。

$$w = \frac{\pi h(p - \sigma_c - \Delta\sigma_c)}{2E} \tag{5.15}$$

式中, $p - \sigma_c$ 为裂缝净压力, MPa; $\Delta\sigma_c$ 为缝间干扰应力, MPa; E 为弹性模量, MPa;

联立上面的方程,可以获得用于描述线网模型的方程组,见下式。

$$F_1(p, q, t_i, \mu, E, v, h, a, b, \Delta\sigma, d_x, d_y) = 0 \tag{5.16}$$

$$F_2(p, q, t_i, \mu, E, v, h, a, b, \Delta\sigma, d_x, d_y) = 0 \tag{5.17}$$

$$F_3(p, q, t_i, \mu, E, v, h, a, b, \Delta\sigma, d_x, d_y) = 0 \tag{5.18}$$

压裂改造体积参数（ h 、 a 、 b ）可通过压裂过程中微地震监测解释结果获得,施工参数（ p 、 q 、 t 、 μ ）通过压裂设计或者现场施工数据获得,岩石物性参数（ E 、 v ）通过岩石力学实验获得。获得以上数据后,通过半解析法求得缝网分布参数（ d_x 、 d_y ）及差应力（ $\Delta\sigma$ ）。反之,在获得缝网分布及差应力后,通过线网模型计算,可以获得裂缝尖端位置、裂缝宽度、孔隙度、渗透率等参数以及裂缝实时扩展动态。

线网模型不足之处在于不能模拟不规则裂缝形态,没有考虑人工裂缝之间的相互干扰,忽略了压裂液的滤失,这导致计算结果会与实际有较大偏差。此外,由于需要微地震裂缝监测资料,因此不具有普遍适用性。

5.2.2 其他模型

在页岩压裂过程中,由于天然裂缝与压裂裂缝之间相互影响,因此缝网压裂模型还应该考虑天然裂缝对压裂裂缝的影响以及相互作用。一般认为，压裂过程中人工缝与天然缝相交后，分支缝的起裂与延伸机理对形成复杂裂缝网络的几何尺寸和复杂程度有重要影响。

如果以断裂力学理论为基础，通过引入起裂与延伸判定计算准则。再考虑附加应力场影响，可以建立页岩气压裂复杂裂缝网络模型。在求解过程中以等压力梯度值划分裂缝延伸方向上的计算节点，将节点压力作为关键变量显式求解裂缝网络几何尺寸参数，并将起裂与延伸准则作为分支缝扩展依据。这样，可以避免常规拟三维裂缝模拟中对缝长延伸的复杂拟合过程。

相对于线网模型，该模型能够充分考虑储层中任意分布的天然缝对整个裂缝网络结构的影响。井眼两侧的缝网整体形态是非对称且内部的分支缝非均匀间距，更符合微地震测试结果。与非常规裂缝模型相比，建立的起裂与延伸判断准则，考虑了剪应力与正应力共同作用下的裂缝尖端周向应力。同时，还能够合理解释延伸过程中裂缝转向的物理现象，并能计算分支缝扩展延伸中的角度变化，并且改进数值求解方法能有效提高计算速度（赵金洲等，2014）。

页岩气压裂的缝网模型有多种，它们考虑的影响因素和裂缝延伸机理有所不同，但都还处于探索初级阶段。由于页岩气压裂过程中，裂缝延伸比较复杂，无论从微地震监测还是以井底压力变化，都难以解释裂缝的延伸分布形态，因此描述缝网压裂的模型还有待进一步改进。

5.3　缝网压裂设计

缝网压裂设计应该主要考虑是否存在天然裂缝及其分布，以及最大和最小水平主应力的方位、差值以及岩石弹性模量和泊松比等情况，选择支撑剂、压裂液，准确计算起裂压力。本节将介绍压裂设计重点环节，压裂工艺部分将在第 6 章详细介绍。

5.3.1　支撑剂的选择

在页岩气储层闭合压力确定的前提下，可以优选支撑剂。

通常闭合压力可由下式计算。

$$P_c = \frac{PRC}{1-PRC}(P_o - V_{Boit} \times P_p) + P_p + Strain \times YMSC + P_{tech} \tag{5.19}$$

式中，PRC 为实验测试的泊松比，无因次；P_o 为上覆压力，psi；V_{Boit} 为垂向上的 Boit 系数；P_p 为孔隙压力，psi；Strain 为应变系数；YMSC 为实验测试的杨氏模量，psi；P_{tech} 为岩石抗拉强度，psi。

根据闭合压力的大小，可以选择支撑剂的种类，以适用于压裂目的层。图 5.7 是 Economides 等（1998）推荐的比较常用的支撑剂选择方法。

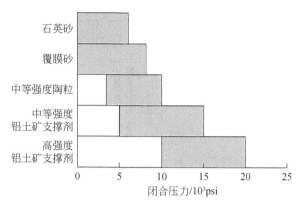

图 5.7　根据闭合压力的大小选择支撑剂（Rickman *et al.*，2008）

5.3.2　裂缝宽度

根据岩石力学参数，可以计算裂缝的宽度，进而确定支撑剂的粒径尺寸。实际上，缝宽是泵注排量、压裂液黏度、裂缝半长和岩石剪切模量的函数，具体见下式。

$$G = \frac{\text{YMSC}}{3} \times (1 - 2\text{PRC}) \times 10^6 \qquad (5.20)$$

$$W_{\text{w}} = 0.3 \left[\frac{q \times \mu_{\text{f}} \times (1 - \text{PRC}) \times X_{\text{f}}}{G} \right]^{1/4} \frac{\pi}{4} \text{Brit} \qquad (5.21)$$

式中，G 为剪切模量，psi；PRC 为实验测试的泊松比，无因次；YMSC 为杨氏模量，psi；W_{w} 为缝宽，in；X_{f} 为半缝长，ft；q 为排量，bbl/m；μ_{f} 为压裂液黏度，cP；Brit 为脆性指数，%。

5.3.3　压裂液的选择

页岩的脆性指数对能否形成裂缝网络具有决定性的影响，但不同的脆性指数也决定了所用压裂液的性能要求。因此，基于页岩脆性指数可以进行压裂液的性能设计和优化。表 5.1 给出了常用的推荐方法，根据储层的脆性指数，就能选择压裂液体系。

压裂液选择主要考虑减阻性能、防膨性能、增效性能以及成本。根据以上要求，通过不断试验改进，逐渐形成了滑溜水（又称减阻水）压裂液，它是目前页岩气压裂的主要压裂液体系。它是由在清水中加入少量减阻剂、表面活性剂、黏土稳定剂等的一种压裂液。在现场应用中根据页岩矿物成分、敏感性及配伍性等需求优化添加剂种类及添加量。

与常规压裂液体系相比，滑溜水压裂液具有低摩阻、低伤害、易造缝、低成本、易配置等特点，降阻率一般大于 75%，黏度在几毫帕秒到十几毫帕秒之间，伤害率小于 10%，成本降低在 40% 以上，表面张力小于 28mN/m。

为降低破裂压力，保证施工顺利进行，通常在压裂液泵入初期注入一定浓度的盐酸，解除井筒周围伤害。现场实践表明，盐酸能够有效降低破裂压力和施工压力。

表 5.1　根据脆性指数选择压裂液体系

脆性指数/%	压裂液	裂缝形态	缝宽	加砂浓度	液量	砂量
70	滑溜水			低	高	低
60	滑溜水					
50	复合压裂液					
40	线性胶					
30	泡沫					
20	交联液					
10	交联液			高	低	高

5.3.4　起裂压力计算

根据井筒方位、射孔位置和储层特征等，能够计算出裂缝起裂压力的大小，为压裂设备的选择提供设计依据。在射孔方位与地层垂向应力夹角为 0° 的情况下，可以计算得到不同井筒方位下起裂压力的大小，如图 5.8 所示。

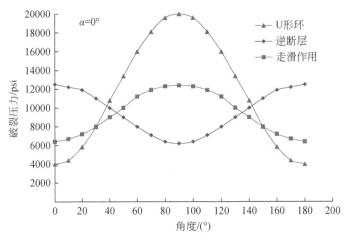

图 5.8　裂缝起裂压力的计算（Britt and Schoeffler, 2009）

5.3.5　施工净压力

施工净压力是指压裂施工过程中，压裂液在裂缝中的压力与地层中垂直于水力裂缝面上力的差值。施工净压力越大，裂缝宽度越宽。当施工净压力足够大时，天然裂缝张开，有利于形成缝网。在缝网压裂设计中，需要充分考虑储层天然裂缝开启所需净压力，并结合压裂液黏度、摩阻等参数准确设计压裂施工排量。

Olson 和 Taleghani（2009）定义了相对净压力系数（R_n）来表征水力裂缝净压力与裂缝延伸的关系。

$$R_n = \frac{P_{frac} - S_{hmin}}{S_{hmax} - S_{hmin}} \tag{5.22}$$

式中，P_{frac} 为压裂液压力，MPa；S_{hmax} 为水平最大主应力，MPa；S_{hmin} 为水平最小主应力，MPa。

$R_n = 1$ 时，水力裂缝会直接穿过天然裂缝，沿着最大主应力方向延伸，很少有天然裂缝被开启。

$R_n = 2$ 时，水力裂缝与天然裂缝相交后天然裂缝会开启，并会在天然裂缝尖端重新起裂转向，形成复杂的裂缝网络。

5.3.6　压裂规模

Mayerhofer 等（2010）根据页岩气压裂实践，提出了储层改造体积 SRV（stimulated reservoir volume）的概念，并且证明了施工规模越大，水力裂缝网格长度越长，储层改造体积越大，页岩气产量越高。因此，页岩气井压裂设计将综合考虑储层条件、产能预测以及施工组织等多种因素。在一定的条件下需要增加压裂规模，提高压后产能。

5.4　压裂参数优化影响因素

压裂参数优化影响因素较多，通常需要考虑水平井分段间距、井距、水力裂缝参数及水平井方位等多种因素。各项参数优化均可通过数值模拟的手段进行综合分析。

5.4.1　水平井分段间距的影响

以 Barnett 页岩气区块的一口水平井为例。该井水平井段长度为 2000ft，水平井段方位为 NW-SE，垂直于最大水平主应力 NE-SW 方位。假设裂缝半长为 500ft、1000ft、1500ft，压裂总段数为 3、5、10 段，各段沿水平井筒均匀分布。不考虑裂缝网络的复杂性，简单认为裂缝为单翼对称裂缝。

基本参数见表 5.2、表 5.3。从计算结果（图 5.9）可以看出，不管是否发育有天然裂缝，增加压裂分段数量和增大裂缝长度，产量都在增加，这与常规认识一致。尽管该模拟结果忽略了页岩气裂缝的复杂性，但是仍然对工程设计和施工有一定的指导意义。

表 5.2　页岩气储层参数

储层压力	3750psi
基质孔隙度	4%
页岩厚度	300ft
等温吸附解吸系数	VI＝88scf/t，PI＝440psi
裂缝导流能力	20ft·mD（长度500ft）
裂缝半长	500ft/1000ft/1500ft
基质渗透率	0.0001mD
天然裂缝渗透率	0.001mD（模拟时假设）
天然裂缝孔隙度	0.1%（模拟时假设）
天然裂缝间距	20ft（模拟时假设）

表 5.3　水平井模拟参数

井号	裂缝条数	裂缝半长/ft	裂缝导流能力/（ft·mD）	裂缝间距/ft
H-2	3	500	20	无天然裂缝
H-3	3	500	20	20/20
H-4	3	1000	20/2	无天然裂缝
H-5	3	1000	20/2	20/20
H-6	3	1500	20/2	无天然裂缝
H-7	3	1500	20/2	20/20
H-8	5	500	20	无天然裂缝
H-9	5	500	20	20/20
H-10	5	1000	20/2	无天然裂缝
H-11	5	1000	20/2	20/20
H-12	5	1500	20/2	无天然裂缝
H-13	5	1500	20/2	20/20
H-14	10	500	20	无天然裂缝
H-15	10	500	20	20/20
H-16	10	1000	20/2	无天然裂缝
H-17	10	1000	20/2	20/20
H-18	10	1500	20/2	无天然裂缝
H-19	10	1500	20/2	20/20

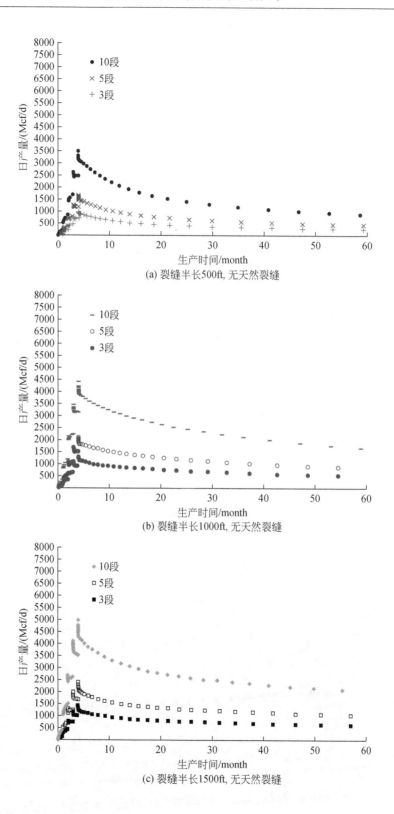

(a) 裂缝半长500ft, 无天然裂缝

(b) 裂缝半长1000ft, 无天然裂缝

(c) 裂缝半长1500ft, 无天然裂缝

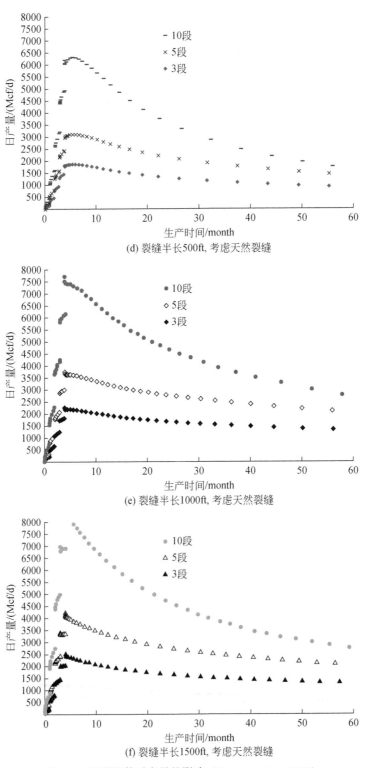

(d) 裂缝半长500ft, 考虑天然裂缝

(e) 裂缝半长1000ft, 考虑天然裂缝

(f) 裂缝半长1500ft, 考虑天然裂缝

图5.9　压裂段数对产量的影响（Frantz *et al.*，2005）

　　根据水平井压后的实际产量，与压裂设计结果进行了对比，如图 5.10 所示。P10 表示压裂段数少于 3 段，裂缝半长为 500ft，不考虑天然裂缝的情况。P50 表示裂缝半长为 1000ft 或 1500ft，其他参数与 P10 相同。P90 表示与模拟结果完全不同的情况，反映出了天然裂缝对产能的影响。

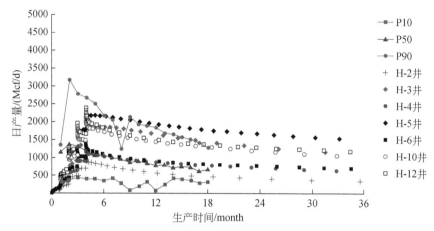

图 5.10　压裂预测产量与水平井实际产量的对比（Frantz et al.，2005）

5.4.2　水力压裂裂缝参数的影响

　　通过数值模拟的手段，可以研究水力压裂裂缝长度、导流能力、裂缝条数等对产能的影响。在不同的导流能力下，模拟得到导流能力对页岩气井产量的影响，如图 5.11 所示。通过对比 700ft、1400ft 两种裂缝长度，可以看到当裂缝长度较短时，对裂缝导流能力的要求不高，只需要 10ft·mD 就足够了。但是对于较长的裂缝，则需要比较高的裂缝导流能力。这就意味着，如果支撑剂能够输送到更远的地方，那么压裂生产效果会更好。

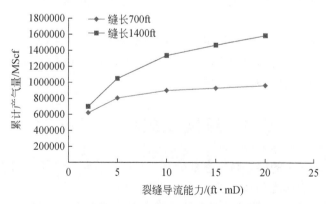

图 5.11　导流能力对产量的影响（Frantz et al.，2005）

5.4.3　水平井方位对产能的影响

　　一般页岩气水平井在设计时，其水平井段主要沿最小水平主应力的方向，但也有沿着最大水平主应力方向的。两种布井方式下，所产生的裂缝分别为横向和径向裂缝，对此进行了产能预测模拟。假设裂缝半长为500ft，水平井段分3段压裂，同时考虑是否存在天然裂缝的情况，具体结果如图5.12所示。

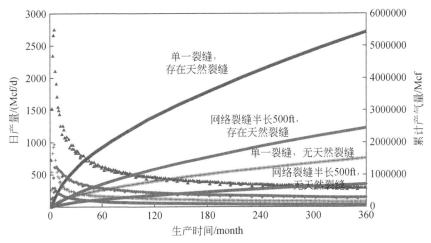

图5.12　径向裂缝与横向裂缝对产量的影响（Frantz *et al*.，2005）

　　假设径向裂缝贯穿整个300ft的Barnett页岩厚度，并且裂缝内全部充满支撑剂。模拟结果显示径向裂缝的压裂效果要好于半长为500ft的横向裂缝。尽管在Barnett页岩气开发中，水平井大多数沿着最小水平主应力的方向，并且经过大规模分段压裂改造后，获得了较高的产量。但从理论上分析，水平井应该沿着最大水平主应力的方向进行布井。这些模拟结果也许不能完全改变目前的现场施工方法，但应引起重视，可以采取现场试验，以证实是否可行。

　　从上面的水平井方位敏感性分析可知，影响页岩气水平井压裂产能的因素较多。要做出比较合适的压裂设计，必须将储层特征、压裂参数和水平井参数等结合起来，进行综合考虑分析后，才能得到最优的设计方案。

5.5　缝网压裂设计实例

　　某页岩气井在纵向上的储层特征参数分布，包括矿物组分、页岩分类、脆性指数、闭合压力、裂缝宽度、泊松比和弹性模量等，如图5.13所示。

　　利用图5.13储层特征参数在纵向上的分布情况，根据页岩储层压裂形成缝网的条件，确定缝网形成的有利层位，从而进行压裂层位优选并采取有针对性的压裂优化设计。不压裂脆性较差、含气量较少，难以形成复杂裂缝网络的层位，避免不必要的高额压裂费用和成本，提高全井段的经济效益。

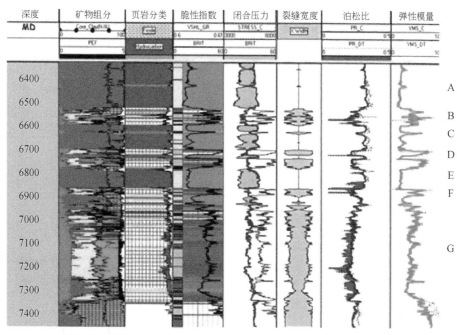

图 5.13　页岩气储层特征参数的纵向分布（Rickman *et al.*，2008）

对于压裂层位和层段的优选，应该基于对储层特征参数的综合评价和充分认识上，同时应结合区块内压裂井的生产效果，进行综合分析后，最终确定最优的压裂层位和井段。储层特征参数、支撑剂类型及规格、压裂液类型等具体参数见表 5.4。

表 5.4　页岩层特征参数及设计参数

层位	脆度/%	厚度/ft	闭合压力/psi	有无遮挡层（Y/N）	缝宽/in（排量为 100bbl/min）	建议			
						压裂液	支撑剂粒径	支撑剂类型	是否压裂
A	15.3	400	6134	Y	0	—	—	—	N
B	56	82	4650	N	0.038	滑溜水	30/50	石英砂	Y
C	18	103	6261	Y	0	—	—	—	N
D	59	91	5150	N	0.038	滑溜水	30/50	石英砂	Y
E	18	85	6350	Y	0	—	—	—	N
F	22	40	6040	Y	0	—	—	—	N
G	45	350	5600	N	0.038	滑溜水	30/50	石英砂	Y

依据最小缝宽对支撑剂粒径的要求，在不同的施工排量和压裂液黏度下，计算裂缝宽度，进而选择支撑剂。最小缝宽与施工排量和压裂液黏度的关系如图 5.14 所示。现场压裂施工按设计顺利完成，压裂施工曲线如图 5.15 所示。

该井压裂施工开展了微地震裂缝监测，结果如图 5.16 所示。同时进行了净压力拟合分析以及压裂数值模拟，并对监测结果和模拟结果进行了对比分析，结果表明两者比较接近。

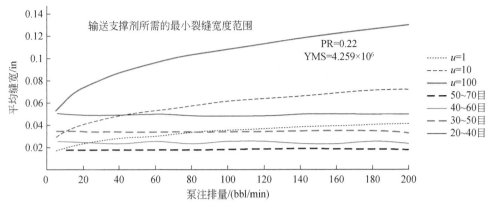

图 5.14　缝宽与施工排量之间的关系（Rickman *et al.*，2008）

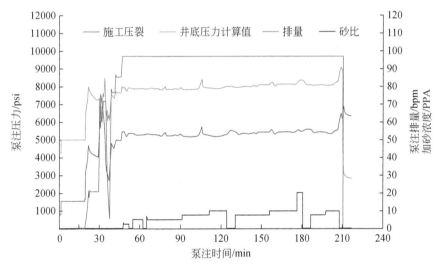

图 5.15　页岩气井压裂施工曲线

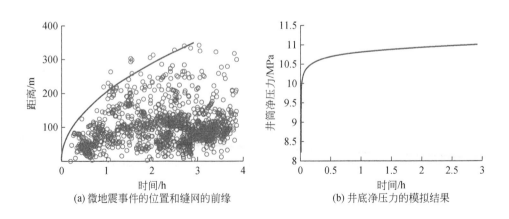

(a) 微地震事件的位置和缝网的前缘　　　　　(b) 井底净压力的模拟结果

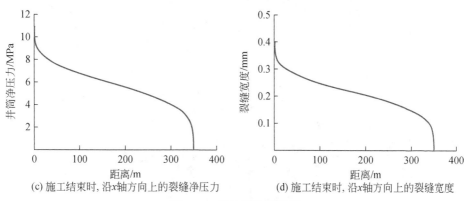

(c) 施工结束时, 沿x轴方向上的裂缝净压力　　(d) 施工结束时, 沿x轴方向上的裂缝宽度

图 5.16　微地震监测结果

5.6　缝网压裂软件简介

MFrac Suite（三维压裂模拟设计优化系统软件）是目前主流的商业化缝网压裂软件。该软件 MShale 模块是一个缝网压裂模拟模块。该模块是不连续裂缝网络模拟器（discrete fracture network，DFN 模型，它是基于连续介质和非连续介质理论的网格系统模型），用于模拟不连续裂缝网络中水力裂缝三维扩展，可对水力裂缝扩展和支撑剂输送的耦合参数进行敏感性分析。MShale 是专业的模拟页岩和煤岩水力压裂中多裂缝、非对称缝和不连续缝的模拟器。天然裂缝性地层和断层发育地层中的不连续裂缝也可以用裂缝网络模型来模拟裂缝在空间上的扩展（不仅仅是垂直最小水平应力方向）。

该软件模拟的裂缝网络模型模拟结果能够从不同角度显示裂缝形态，包括二维和三维形态显示（图 5.17 ~ 图 5.20）。

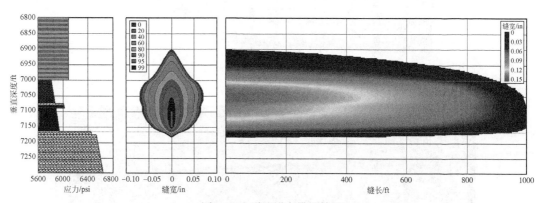

图 5.17　裂缝形态模拟结果

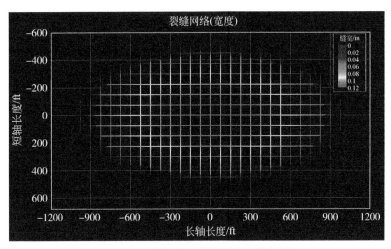

图 5.18　模拟的二维缝网宽度俯视图

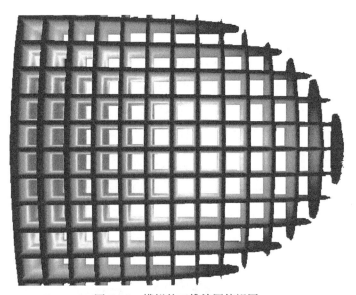

图 5.19　模拟的三维缝网俯视图

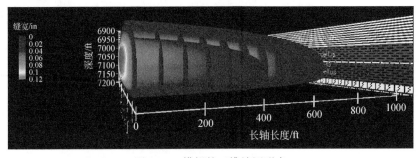

图 5.20　模拟的三维缝网形态

第6章 页岩气压裂施工工艺

页岩气开发早期主要采用直井压裂，后来逐步转为水平井分段压裂。目前，水平井分段压裂已经成为世界页岩气开发的主导技术。页岩气非均质性严重，即使在水平井段处，不同位置处的含气量差异也较大。因此，需要将储层地质、力学特征和储层物理参数等结合起来，优选出具有潜力的层位或井段。在页岩气储层评价和层位优选方面，仍有大量的研究工作要做，这也是水平井分段压裂面临的难点之一。在水平井分段压裂工艺技术方面，工艺设备和井下工具等较为成熟。本章主要介绍水平井分段压裂的技术优势、工艺和应用等。

6.1 直井连续油管分层压裂

较早的页岩气开发主要集中在浅层，完井方式为直井。一般采用连续油管、水力喷砂、环空加砂压裂技术。该技术具有排量选择范围广、井下工具简单、效率高、施工风险小、连续油管磨损小等优点。目前该技术在北美页岩气直井开发和中国常规低渗透油气藏中得到了较为广泛的应用。

6.2 水平井分段压裂技术的优势

页岩气基质渗透率和孔隙度均较低，页岩气能否得到大规模高效地开发，取决于水平井分段压裂。在长达千米的水平井段，以几十米的间距将其分割成不同的小段，然后采取多簇射孔的方式，进行分段压裂。这样在页岩气中形成了比较复杂的裂缝网络，只有尽可能地沟通储层以增大有效泄流体积和面积，才能保证页岩气的高产和稳产，最终达到提高采收率的目的，如图6.1所示。目前，水平井分段压裂技术是唯一能有效实现页岩气高产、稳产的技术。

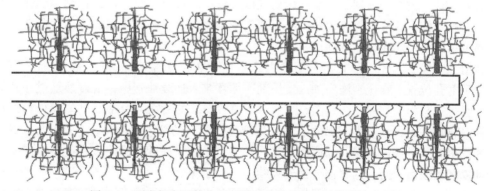

图6.1 页岩气水平井分段压裂后形成的复杂网络裂缝示意图

6.3　水平井分段压裂

美国页岩气单井压裂主要有可钻式桥塞分段压裂、连续油管水力喷射环空加砂压裂、投球滑套等工艺。近年无限级压裂新技术兴起，最高达到 116 段。

同步压裂（simulfrac）、拉链式压裂（zipperfrac）和两部跳压裂（texas two steps）对多口井优化压裂设计、现场组织，增加井与井之间、段与段之间的岩石应力干扰考虑，进而在地层内形成复杂交错的三维缝网。

6.3.1　可钻式桥塞分段压裂

桥塞射孔连作是主流的水平井分段压裂技术。该技术通常采用套管固井，射孔后形成压裂液及油气流动通道，下入桥塞封隔。压裂施工结束后下入工具钻磨掉所有桥塞。页岩气压裂主要选择可钻式桥塞，主要特点是多段分簇射孔、可钻式桥塞封隔。可钻式桥塞分段压裂的优点有结合多段分簇射孔，可在水平段形成多条裂缝，有利于形成更复杂的裂缝网络，增大有效改造体积；压裂后可快速钻磨掉所有桥塞，并且易排出；封隔已压裂段，减小地层伤害。

可钻式桥塞分段压裂第一段由油管，或者连续油管传输射孔，射孔后起初射孔枪。然后对第一段进行压裂。待第一段压裂结束后，用电缆或者连续油管下入射孔枪和可钻式桥塞，坐封封隔器，射孔枪与桥塞分离，试压。拖动电缆或连续油管，将射孔枪调整至射孔段，射孔，最后起初射孔枪。对第二段进行压裂。重复以上步骤，完成所有段的压裂。压裂结束后，通过连续油管钻磨掉所有桥塞。

6.3.2　连续油管水力喷射环空加砂压裂

连续油管水力喷射环空加砂压裂是将水力喷砂射孔与连续油管压裂相结合，主要技术特点是在压裂期间将环空内注入支撑剂，并注入胶塞强化剂，在环空内形成砂桥，起到封隔器的作用。由此，使得压裂间距达到300ft，远大于常规桥塞压裂的 50～60ft 的分段间距。另外，这一技术还采用了定点喷砂射孔以及较小的排量压裂，可以控制裂缝在高度方向上的过度延伸。这样可以有效地解决页岩气中小层较多、需要控制裂缝均匀分布以及裂缝容易上窜或下窜难以控制的问题。

在射孔阶段下入连续油管，利用井中的套管接箍定位器（casing collar locator，CCL）确定预定射孔位置。在压裂液中加入支撑剂，循环泵入连续油管中，混砂液通过井底的射孔管柱组合工具串，如图 6.2 和图 6.3 所示。喷砂射孔的喷嘴一般是 120°的相位角，每次喷射约1200lb 的砂子。一旦完成射孔后，需要注入干净的液体循环冲砂，将射孔位置处的砂子冲洗出来，具体冲洗时间和所需液量，都可以通过软件计算确定。有些地层需要用酸液处理以降低破裂压力，这就需要提升连续油管，避免腐蚀。

射孔后，安装好回流管线。开始由连续油管环空注入前置液，同时在连续油管内注入

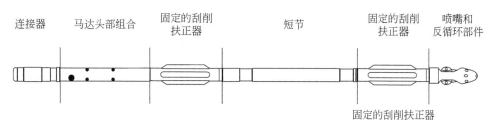

图 6.2　喷砂射孔工具组合

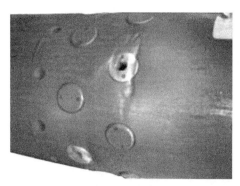

图 6.3　喷砂射孔

一定液体，使得连续油管内部保持一定的压力，以防止因连续油管内外的压力差过高而造成破裂事故。保持连续油管处于自由状态，随时监控连续油管的压力波动情况。

　　按照加砂程序，做好加砂浓度的控制，同时加入堵塞增强剂 PEA（plug enhancement additive）以提高砂桥的封隔能力。泵入胶塞到预定位置后，地面压力上升非常明显。当上升到预计压力后，停泵，观察压力变化，确定胶塞是否坐牢。由于这种砂桥封隔方式并不能起到完全密封的作用，因此需要进行滤失和压力测试判断其密封能力。打开回流管线，同时保持一定的压力，能够保证砂桥仍在原来的位置，起到密封作用。典型的施工曲线如图 6.4 和图 6.5 所示。在每次压裂结束之后，都需要重新泵入胶塞，进行加砂封隔后，再重复进行下一次压裂施工。现场施工车组、井口等如图 6.6 ~ 图 6.8 所示。

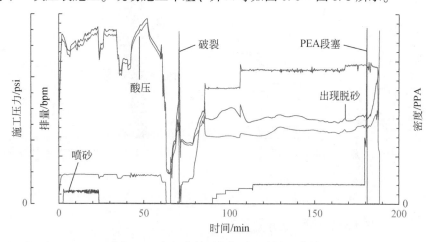

图 6.4　水力喷射环空加砂压裂施工曲线

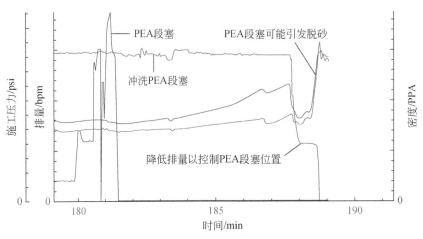

图 6.5 PEA 胶塞的坐封施工曲线

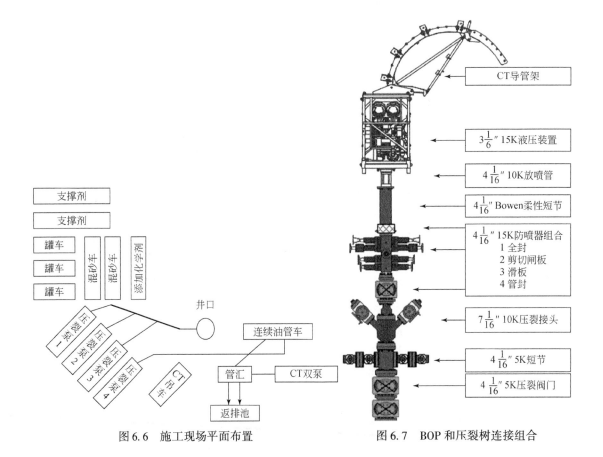

图 6.6 施工现场平面布置

图 6.7 BOP 和压裂树连接组合

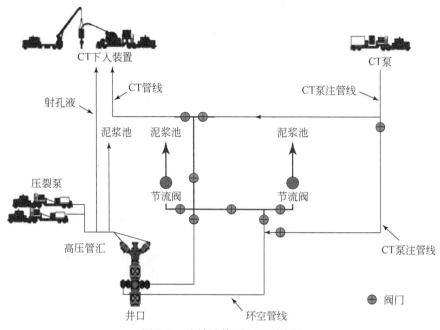

图 6.8　连续油管环空压裂流程

6.3.3　连续油管无限级压裂

近年来，贝克休斯、斯伦贝谢等公司相继研发出无限级压裂技术。

以贝克休斯连续油管无限级压裂技术为例，该技术是将滑套和套管一起下入井内固井，井筒内实现全通径。滑套下入位置根据测井资料确定。压裂起裂位置可准确获取（图 6.9）。压裂过程中通过连续油管打开滑套，由于不下入桥塞及投球打开滑套，因此无需后续磨铣桥塞。

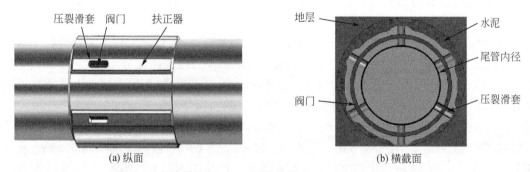

图 6.9　贝克休斯 OptiPort 无限级滑套（Castro *et al.*，2012）

封隔器总成下到接箍深度位置，重力传递坐封封隔器。刚开始，压差为 0MPa，阀门处于关闭状态。加压后，形成压差，当压差达到设定值后阀门开启，打开滑套（图 6.10）。

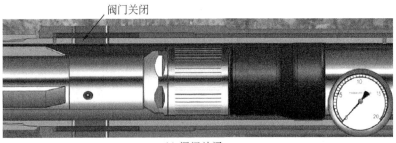

(a) 阀门关闭

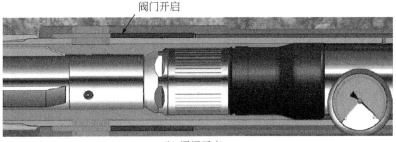

(b) 阀门开启

图 6.10   滑套打开示意图（Castro *et al.*，2012）

连续油管无限级压裂技术能减少压裂液用量。第一是因为减少了打磨射孔孔眼，以及下入电缆/射孔枪的液量。第二是因为连续油管和管柱结构始终在井筒内，减少了顶替液量。压裂过程中出现脱砂，可立即通过连续油管打循环处理。处理结束后，继续压裂施工。

美国第一口连续油管滑套压裂井共压裂 48 段，用时 9 天，基本上每天施工 12～14h。入井管柱结构包括校深机械 CCL 和连续油管马达头总成。地面设备为典型的连续油管环空压裂设备，包括防爆井口和回流管线。

入井管柱下到总井深 10065ft，上提打开第一个滑套，开始第一段压裂。压裂结束后，上提管柱，封隔器解封，管柱上提 64ft 到下一段压裂段。重复这些操作，完成 48 段压裂。

前两段起裂和加砂困难，分析判断原因是水泥固井造成井筒环境较差。这两段平均加入 1043bbl 液体，支撑剂 10260lb。第一天施工结束后，对压裂施工方案进行了大的调整。为降低起裂难度，压裂前挤入 15% HCl，前置液量由 12bbl 增加到 380bbl。压裂液由滑溜水改为线性胶，取消原泵主程序设计的 100 目石英砂。

第 3～5 段平均施工 78min，比原设计增加 30min。第 5 段后，线性胶前置液量从 380bbl 减少到 300bbl，排量从 35bpm 降低到 30bpm。第 6～12 段，平均用时 83min，支撑剂按设计泵入。第 13 段再次调整设计，将前置液量减少为 260bbl。第 13～15 段按照设计施工。

第 16 段出现脱砂，返出支撑剂 63000lb，占到设计值的 93%。脱砂后通过连续油管冲砂洗井，5h 后再次开始压裂。

第 16 段压裂脱砂促使再次调整设计，前置液量恢复到 300bbl，并打入少量段塞。剩下的携砂液按照设计挤入。线性胶前置液不断优化,用量从 300bbl 降到 230bbl,再到 120bbl,最后到 25bbl。每段酸液体积从 1500gal 减少到 23 段后的 1000gal。

本次压裂取得了预计效果。48 段的平均破裂压力梯度为 0.747psi/ft,排量为 30.9bpm,平均施工压力为 3142psi,共计加入支撑剂 31500000lb,其中 31060000lb 是 40/ 70 目白砂。总液量为 92263bbl,第 15 段后每段液量逐渐减少。例如,第 16 段液量为 2094bbl,第 48 段仅用 1569bbl。

6.3.4 同步压裂

同步压裂就是两口或更多的相互平行的井同时压裂。其目的是使页岩地层遭受更大的压力,在地层内形成更为细小的像蜘蛛网似的三维立体复杂裂缝网络,从而达到裂缝与地层接触面积的最大化。相对于每口井的单独压裂,两口井同时压裂进入两口井之间地带的压裂液更多,产生的裂缝面积更大,如图 6.11 所示。

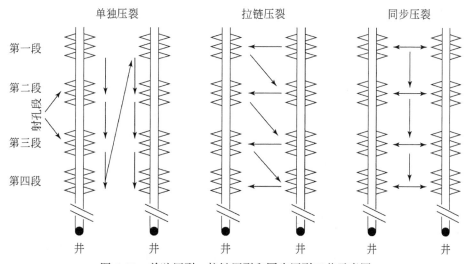

图 6.11 单独压裂、拉链压裂和同步压裂工艺示意图

同步压裂需要更多的配合,它对后勤保障和组织指挥的要求更高,但其可以节省成本和作业时间。刚开始常常是两口井进行同步压裂,随着对工艺技术的不断熟悉和实践,常常是三口井或更多的井进行同步压裂。

在 2005 年后,Williams Production Gulf Coast 公司在 Barnett 页岩区块钻了 100 多口水平井。以三口井的同步压裂为例介绍其施工和取得的生产效果。图 6.12 中 A、B、C 井采取同步压裂,D 井单独压裂,对压裂后的生产效果进行了跟踪分析。由产量对比可以看到,采取同步压裂的产量要高于单独压裂井的产量。

通过对区块内采取同步压裂和单独压裂井的生产统计,也能看到同步压裂的效果好于单独压裂,如图 6.13 所示。

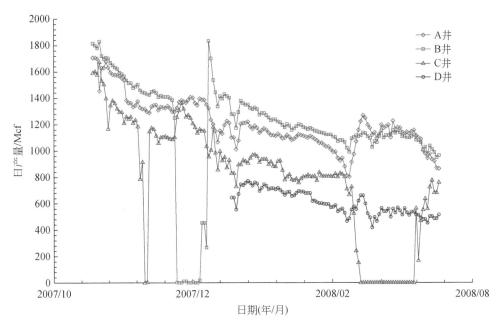

图 6.12　同步压裂井 A、B、C 与单独压裂井 D 之间的产量对比

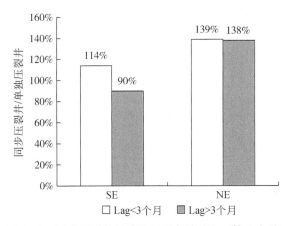

图 6.13　同步压裂井与单独压裂产量对比（第 3 个月）

6.3.5　拉链式压裂和两部跳压裂

拉链式压裂是将两口平行、距离较近的水平井井口连接，共用一套压裂车组进行 24 小时不间断地交替分段压裂，在对一口井压裂的同时，对另一口井实施分段、射孔作业。同步压裂是两口井同时压裂，另外两口井同时进行电缆桥塞作业，时效更高，但必须具备两套压裂机组，成本高。

两部跳压裂是利用压裂过程中所产生的应力干扰，尽可能地产生复杂裂缝网络。主要方法是首先在水平井段前端某一位置压裂，其次后退一定距离，进行第二段压裂，最后在两段之间的某一位置进行第三段压裂。由于在前两段压裂中产生了应力干扰，改变了局部地应力场，第三段压裂所产生的裂缝会比较复杂，会出现不同程度的裂缝转向，从而形成裂缝网络，如图 6.14 所示（Soliman *et al.*，2010）。

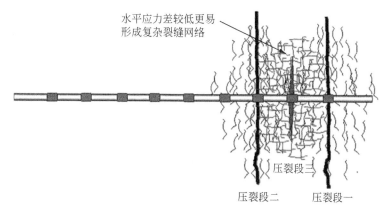

图 6.14　在压裂段一和二之间布置第三段压裂

在整个水平井段通过重复上述压裂方式，就能沿着水平井段产生复杂的裂缝网络系统，这使得页岩气得到比较充分的改造，从而达到立体改造的目的，如图 6.15 所示。

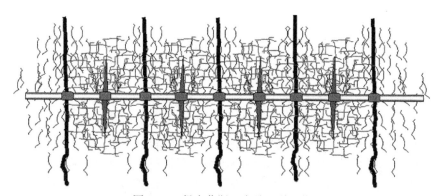

图 6.15　得克萨斯两步跳压裂工艺

6.4　页岩气水平井分段与射孔方案优化

页岩气水平井分段方案主要以水平段储层岩性特征、岩石矿物组成、油气显示、电性特征为基础，结合岩石力学参数、固井质量等综合因素对页岩气水平井进行优化分段。

为改善页岩储层物性及沟通更大地层体积，页岩气水平段通常采用簇式均匀射孔。各段射孔簇位置的选择要综合各项地质因素（密度、孔隙度、甜点分布）作为依据，选择原则如下。

1）应选择在 TOC 较高的位置射孔。有机碳含量对于非常规页岩地层开发来说是其物质基础，它决定了一个储层是否具有开采价值。

2）选择在天然裂缝发育的部位射孔。页岩气天然裂缝的发育程度直接与压后产量相关，储层中的天然裂缝不仅储藏着大量的自由气，同时也是页岩气产出的通道。

3）选择在孔隙度、渗透率高的部位射孔。孔隙度极大地影响着烃类的总含量，它直接决定着储层中最终能开采的油气量；而渗透率与孔隙度线性相关，它决定着油气运移的难易程度。

4）选择在地应力差异较小的部位射孔。压裂裂缝在地层中沿着最大应力的方向延伸。如果地层中最大水平应力和最小水平应力的差值过大，那么地层中的水力裂缝会沿着几乎同一方向延伸，难以形成缝网。

5）选择气测显好较好的部位射孔。气测是一种直接显示储层中含气量的方法。气测含气量较高的部位应该是 TOC、孔隙度、渗透率都较高的部位。

6）选择固井质量好的部分，避开套管节箍和扶正器。

6.5　井工厂压裂模式

井工厂作业模式是北美页岩气产业化的重要经验之一。现已发展为同一个井场采用水平井钻井方式完成多口井的钻井、射孔、压裂、完井和生产，所有井筒作业采用批量化的作业模式。

6.5.1　井工厂压裂理念

2005 年哈里伯顿公司率先提出"压裂工厂"（fracture factory）的概念，即在一个中央区对相隔数百米至数千米的井进行压裂。所有的压裂装备都布置在中央区，不需要移动设备、人员和材料就可以对多个井进行压裂（张焕芝等，2012）。

井工厂压裂是一种新的压裂模式，工厂化压裂技术就是像普通工厂一样，在一个固定的场所连续不断地进行压裂施工。施工设备除了连续压裂泵注系统外，还包括快速连续混配系统、压裂液回用处理系统、连续供液供砂系统等。该技术可以大幅度提高压裂设备的利用率和压裂施工速度，缩短投产周期，降低开采成本和劳动强度，适用于丛式井组的开发，是一种新型的能源绿色开采综合技术。

6.5.2　压裂基地模式

许冬进等（2014）对压裂模式进行了报告和总结。压裂基地模式是井工厂的一种类型，可以通过平台远程控制压裂。美国皮申斯（Piceance）盆地和格林里弗（Green River）盆地采用了压裂基地模式（图 6.16）。该模式通过远程控制和长距离高压管线对同一平台的多口水进行集中或单独压裂。

格林里弗盆地利用中心压裂平台对其周围单井或多井平台的 40 口井完成了 400 段压裂，地面高压压裂管线最大长度达 2000m 以上。

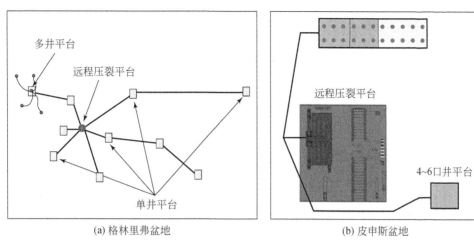

(a) 格林里弗盆地　　　　　　　　　　　　(b) 皮申斯盆地

图 6.16　格林里弗盆地与皮申斯盆地远程压裂示意图（许冬进等，2014）

6.5.3　井工厂模式

加拿大 Horn River 页岩气开发采用了井场组织的工厂化作业模式。Horn River 页岩气田每个井场有 8～16 口井，平均每口井压裂 20～25 段，每个平台潜在压裂段数在 300 段以上，每段压裂平均耗时 5～6h。由于通过井工厂模式作业，压裂施工能力得到显著提高，能实现全天候作业，能节省大量时间，如图 6.17 所示。

图 6.17　ENCANA 公司 Horn River 63-K 平台工厂化作业现场（许冬进等，2014）

6.5.4 井工厂压裂优势

井工厂压裂是通过优化生产组织模式，在一个固定场所（一般为井场），连续进行压裂施工，快速完成单井和整个井场多口水平井压裂。这种作业模式具有很多优点。

（1）增加储层改造体积，提高压后产能

井工厂同步压裂（或交替压裂）可以促使水力裂缝在扩展过程中相互作用，产生更复杂的缝网，增加改造体积，可大幅度提高初始产量和最终采收率。

（2）加快工程进度，缩短投产周期

常规水平井分段压裂施工周期长，不适合页岩气水平井段数较多的特点。井工厂模式可以提高设备利用率，节约大量施工等待时间，显著加快工程进度，缩短投产周期，降低作业成本，提高综合效益。

（3）重复利用水资源，减少污水排放

页岩气水平井压裂用水量大，压裂返排液含多种化学物质，可严重污染环境。在水资源匮乏地区，用水成本高。井工厂压裂方便收集压裂返排液，集中重复利用水资源，大幅度减少了污水排放，既保护了环境，也节约了污水处理费用。

6.5.5 井工厂压裂作业流程

页岩气井工厂压裂施工，包括以下系统：连续泵注系统、连续供砂系统、连续配液系统、连续供水系统、工具下入系统、后勤保障系统等。王林等（2012）、许东进等（2014）总结报道过北美页岩气压裂作业流程及相关设备。

井工厂压裂作业流程如下（图6.18）：①工具下入系统根据压裂设计做好压裂准备；②连续供水系统将压裂用水从水源地连续输送到连续配液系统；③连续配液系统使用连续供水系统从水源地输送的来水连续配置压裂液；④连续供砂系统把支撑剂连续输送到连续泵注系统的混砂车搅笼中；⑤连续泵注系统把连续配液系统配置的压裂液和连续供砂系统输送的支撑剂按照压裂设计进行混合，并将混砂液连续泵入地层。

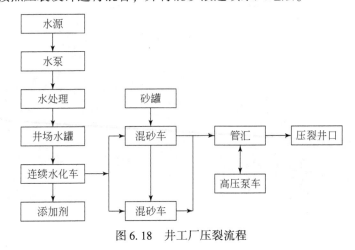

图6.18　井工厂压裂流程

6.5.6　井工厂压裂作业地面配套系统

井工厂压裂地面配套系统包括：连续泵注系统、连续供砂系统、连续配液系统、连续供水系统、工具下入系统等，如图 6.19 所示。

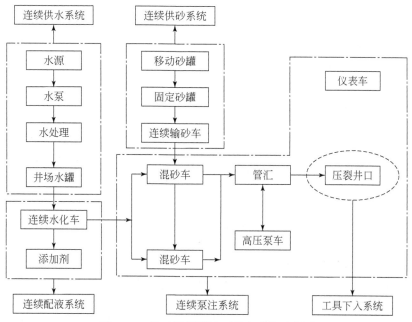

图 6.19　井工厂压裂地面配套系统示意图

连续泵注系统及控制是井工厂压裂的核心，主要包括高压泵注系统及控制和低压集流供液系统等。

（1）高压泵注系统及控制

页岩气井工厂压裂施工规模大，连续施工时间长，配套压裂装备要求高。主要压裂装备包括压裂泵车、混砂车、仪表车、高低压管汇、各种高压控制装置、低压管线、井口控制闸门组等，如图 6.20 所示。

图 6.20　高压泵注系统及装备示意图

根据页岩气井工厂分段压裂要求，设备需不间断运转，主压设备可采取轮流工作方式来保障施工，设备水马力储备系数应达到 1.3 以上，建议采用 2500 型或 3000 型泵车组。泵送桥塞区采用 3 台性能可靠的 2000 型或 2500 型泵车。混配设备应满足 14m³/min 配液能力，推荐配备混配车（或混配撬）两台，800m³/h 清水泵两台。混砂车配备两台，单车供液能力大于 14m³/min，推荐使用 480 混砂车 1 台，360 混砂车 1 台。主压裂区配备仪表车 1 台，泵送桥塞区配备仪表车 1 台。要求两台仪表车能独立采集数据并提供远传视频信号。

（2）低压集流供液系统

页岩气工厂化大规模压裂施工，混砂车不可能连接所有的供液罐，必须将施工压裂液体集中到集流管汇中，再由集流管汇供液给混砂车，混砂车将砂、液混合均匀后供送给压裂泵车。供液流程如图 6.21 所示。

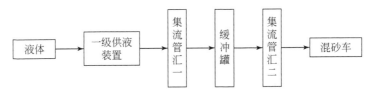

图 6.21　低压集流供液流程示意图

（3）高压泵注流程与控制系统

井工厂压裂施工要求地面高压流程连接简便，流程控制安全、可靠，流程连接可实现在两口井甚至多井间进行切换，同时要求多井间桥塞泵送与压裂施工同步进行。通过地面流程连接方案的优化和高压分配管汇的使用可满足上述要求，实现高效的工厂化压裂施工。

井工厂压裂分配管汇由多个通径为 130mm、承压为 105MPa 的平板阀和多个 6 通压裂注入头及其他辅助配件组成。它是井工厂压裂模式下地面高压流程控制技术的关键装置，如图 6.22 所示。

图 6.22　高效压裂分配管汇

井工厂压裂地面优化流程：通过压裂分配管汇实现高压流程在多井间切换，同时泵送桥塞区通过 6 通压裂井口独立与井口连接，具有单独的泵送桥塞流程，这是井工厂压裂的核心之一，压裂与泵送分开的控制流程使压裂施工和泵送桥塞作业可以同步进行，独立控制，减少施工的停、等时间，施工衔接紧凑，实现高效的井工厂压裂运行模式。

根据井工厂压裂工艺不同要求，地面高压流程使用不同的压裂分配管汇对高压流体进行分配与控制（图 6.23、图 6.24）。

图 6.23 可同时连接两口井的压裂分配管汇

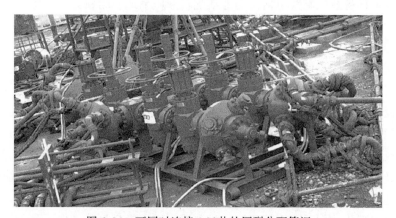

图 6.24 可同时连接 4 口井的压裂分配管汇

（4）连续供砂系统

在北美页岩气工厂化压裂技术现场，连续供砂系统主要由巨型砂罐、大型输砂器、密闭运砂车、除尘器等组成。巨型砂罐单个容积为 80m³，大型输砂器输砂能力为 6750kg/min，密闭运砂车单次拉运 22.5t 支撑剂，如图 6.25 所示。

图 6.25　连续、分流供砂

（5）连续配液系统

井工厂压裂与单井压裂模式对储液、配液要求不同。在单井压裂模式下，可在施工现场备置一定量的储液罐，小排量或间歇配液可满足施工要求。井工厂压裂模式要求多井、多段、大排量、长时间连续施工，单井压裂的储液、配液模式根本无法满足施工要求。井工厂压裂要求具备大排量连续快速配液能力。连续配液系统有连续混配车、化工料运输车、各种化学剂添加设备及辅助设备组成，为井工厂压裂施工连续不断配制输送高质量的压裂液体。混配设备系统配置包括：动力系统、液压系统、粉料系统、混合系统、液体添加系统、自动控制系统等。

连续混配工艺的原理是：在连续混配控制程序下，按照设定的配比，调整供给压裂液干粉的螺旋喂料机转速，使干粉进入恒压混合器中，清水泵从储水罐吸取施工用水，喷射器喷射水流产生的压力差吸入干粉并与水充分混合，在 $9m^3$ 混合罐的搅拌下充分溶胀，同时，按压裂设计比例，加入液体添加剂，混合均匀后由排出泵排出。

连续混配技术特点：①配液流量大，单车混配能力为 $8m^3/min$；②原料连续添加、在线计量；③液体即配即用；④操作与控制智能化、自动化。技术指标：配液排量（1～ $8m^3/min$）、配液浓度（0.02%～0.6%）、加料计量精度（+1%）、累计液量精度（+2%）。工作方式：连续、自动混配。

连续混配关键技术如下：①精确控制粉水混配比。投粉量通过电子秤配合螺旋输送机的方式，采用失重法计量投放量，通过调整螺旋输送机转速来调整投粉量。清水流量由流量计计量，通过流量计和电子秤反馈信号，对水量和投粉量进行修正。②高能恒压混合技术。混配能量高，混合清水压力由外部控制，可控可调。清水压力恒定，保证了粉和水的高能量混合。③高效水合技术。混合罐按照先进先出的原则设计，保证了先混合的液体先排出去，液体在罐体内水合时间一致，有利于出口黏度均匀一致。同时，罐内设有高速增黏搅拌器，这使稠化剂进一步溶胀水合，增加黏度。④自动控制技术。设备实现了全程自动控制，可根据施工设计要求随时调整配比、配液流量、物料，保证配液质量的稳定可靠。在压裂施工现场采用双混配车连续在线混配工艺技术。井工厂压裂模式下，混配车的配液流程与压裂供液流程相连，实现配液与压裂施工同步进行，混配供液管线连接至压裂区压裂供液流程。压裂施工中的供液来自于混配车连续供液和储液罐内辅助供液两种，如图 6.26 所示。在压裂施工期间，混配车保持不超过压裂施工排量、全程自动控制在线配制压裂液，实现连续混配功能。混配设备具备 $14m^3/min$ 以上的配液能力，保证压裂施工中大排量供液要求。

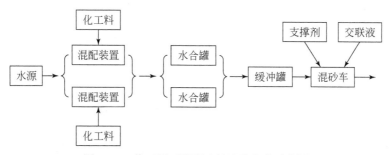

图 6.26　井工厂双混配连续配液方案示意图

（6）连续供水系统

连续供水系统由水源、供水泵、污水处理机等主要设备及输水管线、水分配器、水管线过桥等辅助设备构成。页岩气井工厂大规模压裂施工中用水量巨大，单井压裂液量约为 $30000m^3$。水源和供水能力是井工厂压裂制约因素之一。

（7）工具下入系统

工具下入系统主要由电缆射孔车、井口密封系统（防喷管、电缆放喷盒等）、吊车、泵车、井下工具串（射孔枪、桥塞等）、水罐组成。

（8）后勤保障系统

后勤保障系统主要包括燃料供应、设备维护保养、现场供电照明、生活保障设施等。工厂化压裂的作业时间较长，后勤保障系统可以为人员和设备连续工作提供良好的支持。

第7章 水力压裂裂缝监测

水力压裂技术已有近70年的发展历史，在早期阶段，普遍认为压裂所产生的裂缝为双翼对称的支撑裂缝，实际并非如此。自从水力压裂技术出现后，现场工程与研究人员就对裂缝的形态比较关注，也一直想办法去测试或监测。随着裂缝监测与诊断技术的发展，更加证实水力压裂在地层中所形成裂缝是比较复杂的。在页岩气压裂过程中，裂缝动态扩展更加复杂，对于页岩气压裂的动态监测和解释要求更高。本章主要介绍水力压裂裂缝监测方法，重点是微地震监测技术。

7.1 水力压裂监测方法

通过裂缝监测可以了解压裂施工的动态过程，以便获得裂缝几何尺寸，判断压裂是否产生了多裂缝，以及判断裂缝的延伸和改造范围，以便后续井的压裂优化和措施改进等，同时还能够预估压后产量情况。由于页岩气压裂是为了形成复杂的裂缝网络，获得尽可能大的储层改造体积，因此水力压裂监测的主要目的是了解水力压裂裂缝的扩展范围，确定是否形成了复杂裂缝网络，同时判断压裂有效改造和支撑的体积。另外，通过对裂缝监测结果的解释和分析，并结合页岩气井压后产量的动态分析，在压裂监测与实际产能之间建立关系，进而总结出影响页岩气产能的主要因素，可以为今后的压裂方案调整提供强有力的技术支撑。

根据监测范围和手段的不同，目前裂缝监测方法大致分为近场直接监测、远场直接监测和间接监测三种，每种方法的优缺点，具体见表7.1~表7.3。尽管方法较多，但美国页岩气压裂比较常用的是井下微地震、测斜仪、直接近井筒和分布式声传感（DAS）等裂缝监测技术。贾利春和陈勉（2012）对国外页岩气水力压裂裂缝监测方法进行了报道。

表7.1 近场直接监测方法

诊断方法	主要限制	可能估计项目						
		长度	高度	宽度	方位	倾角	体积	导流
放射性示踪剂	探测深度 $1''$~$2''$		√	√	√	√		
温度测井	小层岩石的导温系影响结果		√					
HIT	对管柱尺寸改变敏感							√
生产测井	只能确定何层生产		√					
井眼成像测井	只能用于裸眼井				√	√		
井下电视	用于套管井，有孔眼的部分		√					
井径测井	裸眼井结果，取决于井眼质量				√			

表 7.2　远场直接监测方法

诊断方法	主要限制	可能估计项目						
		长度	高度	宽度	方位	倾角	体积	导流
地面倾斜图像	受深度限制	√	√			√	√	√
周围井下倾斜图像	受井距限制	√	√	√	√	√	√	√
微地震像图	不可能应用与所有地层	√	√		√	√		
施工井倾斜仪像图	要用缝高及缝宽计算缝长	√	√	√				

表 7.3　间接监测方法

诊断方法	主要限制	可能估计项目						
		长度	高度	宽度	方位	倾角	体积	导流
净压力分析	油藏描述提供的模拟假设	√	√	√			√	√
试井	需要准确的渗透率与压力	√		√				√
生产分析	需要准确的渗透率与压力	√		√				√

7.2　微地震裂缝监测

水力压裂过程中，当井底压力迅速升高并超过地层破裂压力时，岩石发生破裂或剪切滑动形成裂缝。裂缝在地层内延伸会产生一系列向四周传播的地震波。地震波可以用精密的井下三分量检波器在压裂井附近位置接收到。根据各地震波的到达时差，结合地层模型和声波模型，建立并求解一系列方程组，然后通过数据处理分析得到有关震源的信息就可确定震源位置，从而确定出裂缝的方位、长度、高度及地应力方向等参数。压裂监测技术可以用来确定裂缝高度是否超过设计，以及确定射孔孔眼是否完全被压开、支撑剂输送距离和位置以及完井方面是否存在问题等。与其他方法相比，该方法即时、方便、适应性强，在国际上得到广泛应用。

微地震裂缝监测又分井下监测和地面监测两种方式。

7.2.1　井下监测

井下监测是目前判断压裂裂缝最准确的方法之一。它是在压裂井周边选取一口或多口邻井作为监测井，将检波器下入到观测井内（图 7.1），采集压裂过程中监测井微震信号，处理这些信号，获得震源在空间和时间上的分布和变化，进而得到水力压裂裂缝的缝高、缝长和方位参数。此外，可以实现对压裂过程进行监测，以及压裂后分析。

井下监测一般在监测井中下入 10~40 个三维声波检波器，以记录压裂横波和纵波。最远的信号采集点距离观察井为 3000ft，裂缝两翼的边界同样可以被探测到，该方法适用于单井或一组平行井网的监测。在微地震监测处理中，可用速度模型和纵/横声波时差模型描述裂缝的形态，以及测量长度、高度、宽度、方位及整个裂缝的复杂性。通过实时监

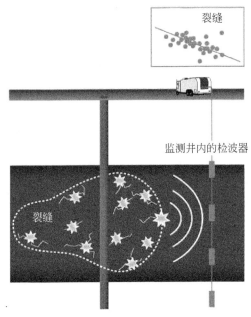

图 7.1　井下微地震压裂监测示意图

测,可以显示真实的裂缝扩展情况。

7.2.2　地面监测

地面监测是为了解决邻井监测适用性不强而出现的监测方法。地面监测与井下监测的原理基本一致,不同之处在于地面监测具有滤波降噪功能强大的信号接收装置和特殊的信号分析系统。

地面监测有两种方式:第一种是 Fracstar,即在地面以井口为中心布置 10～12 条采集仪器阵列,其适用于单井的监测,且实施简单,但是受一定噪声的影响。第二种是近几年发展起来的埋置阵列监测方式,即在 3000ft×3000ft 地面以下(深度为 300ft 左右)安放一个检波器,其适用于区块开发的多口井监测,更适合于整个区块的油田管理。

目前,地面压裂监测技术不仅可以监测裂缝的走向和展布,还可以根据信号的强弱在软件中展示出裂缝宽度的不同。目前,美国多个盆地都已使用这种地面监测方法指导和优化本地区页岩气井的压裂设计和施工。

7.2.3　微地震裂缝监测应用

(1)胶液与滑溜水压裂效果对比

通过微地震监测胶液压裂,可以确定支撑剂的位置和裂缝分布情况,如图 7.2 所示。该井水平段的方位是 EN-WS 向,结果产生的是沿水平井段分布的径向裂缝。压裂使用的是聚合物交联液,泵注排量为 70bpm,施工时间约为 3h,加砂浓度平均为 3ppg。总液量为 11600bbl，砂量为 700000lb。最初的压裂延伸压力梯度为 0.61psi/ft，在施工结束时，上升到 0.71psi/ft。监测井布置在位于该井的 ES 和 WN 方向，这样便于监测整个水平井压裂的覆盖范围和区域。通过裂缝监测结果来看，该井产生的径向裂缝虽然形成了裂缝网络，但扩展范围较窄，宽度仅为 500ft。裂缝高度较小，穿越 Barnett 页岩的上下顶底板的高度有限。

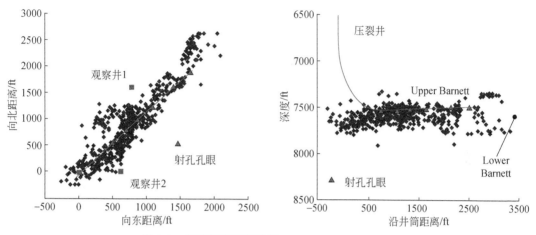

图 7.2 胶液压裂监测结果（Cipolla et al., 2010）

根据胶液压裂监测结果分析认为，压裂效果不够理想，压后产量也证实这一点，因此，在压后生产几个月后，决定采取滑溜水重复压裂，以获得更高的产量。滑溜水重复压裂时，泵注排量为 125～130bpm，最后阶段为 90bpm。施工时间约为 6.5h，注入滑溜水为 60000bbl，支撑剂为 385000lb。初始破裂压力梯度为 0.7psi/ft，施工结束时为 0.77psi/ft。滑溜水重复压裂监测结果，如图 7.3 所示。显然，滑溜水重复压裂裂缝延伸范围远大于使用胶液的情况。重复压裂所产生的裂缝网络宽度约为 1500ft，长度约为 3000ft。裂缝在高度上穿越了 Barnett 页岩的上部顶层，甚至进入了 Barnett 石灰层；下部进入了 Lower Barnett 之下的 Viola 层位。这次重复压裂所获得的缝网改造体积大，沟通了大量的天然裂缝。据估计，所产生的裂缝体积为 $1.45 \times 10^9 ft^3$，而第一次使用胶液时仅为 $4.3 \times 10^8 ft^3$。生

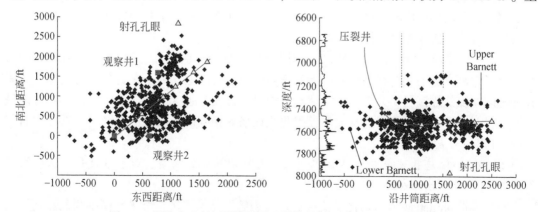

图 7.3 滑溜水重复压裂微地震监测结果（Cipolla et al., 2010）

产情况也证实了滑溜水压裂效果要好于胶液压裂，说明滑溜水更容易产生裂缝网络，所获得的裂缝网络体积越大，产量也越大。

生产情况如图 7.4 所示。胶液压裂后的初期产量下降较快，半年后产量下降到 350Mcf/d。同时发现观察井和测试井之间存在干扰。由于胶液压裂的改造体积远小于正常情况下滑溜水压裂的改造体积，因此这可以作为产量较低的原因。采用滑溜水重复压裂后，初产达到 1500Mcf/d，远高于胶液压裂后的产量。即使生产 3 年，滑溜水重复压裂后的产量仍高于胶液压裂后的产量。

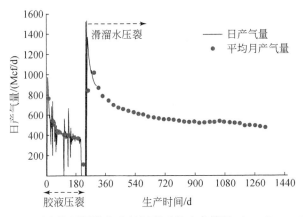

图 7.4　Barnett 页岩使用滑溜水重复压裂后的生产情况（Cipolla *et al.*，2010）

（2）监测是否形成裂缝网络

得克萨斯州北部的 Barnett 页岩，早在 1981 年就已经有钻井，但产量不理想，直到 1998 年后才被重新认识并得到大规模开发。实际上，Devon 能源公司已投产的 Barnett 页岩气井中有 75% 以上是在 2000 年以后开钻的。

Barnett 页岩从福特沃斯盆地到西得克萨斯州和新墨西哥的二叠纪盆地广泛分布，在核心区块和边缘地带不同位置的页岩气区块之间的厚度和特征差异非常大。如何采取有针对性的完井和压裂方式，是页岩气开发所面临的一大问题。

通过压裂监测可识别裂缝扩展形态和把握裂缝延伸规律、判断分段压裂是否有效、确定裂缝延伸范围如长度和宽度等，由此能为后期的加密调整、重复压裂和后续区块压裂方式的选择等提供实际参考依据。

从 Barnett 核心区块典型测井曲线（图 7.5），可以看到在页岩气的上下均有较厚的石灰岩层，它具有遮挡裂缝在高度方向上的延伸作用。实际上，由于在石灰岩与页岩气之间存在不同厚度的过渡层，大规模的滑溜水压裂只有首先穿越这部分层位以后，才有可能进入石灰岩。由于下部石灰岩含水较多，因此往往采取相应措施以避免裂缝进入下部的石灰岩层（Fisher *et al.*，2004）。

图 7.6（c）是 Barnett 页岩压裂典型的极为复杂的裂缝网络。对于垂直井，这些裂缝网络长约 1mi、宽约 1200ft。

图 7.7 是 Barnett 页岩核心区块直井的压裂裂缝网络监测解释结果。图中浅色点是微地震事件，通过这些点可以非常明显地看出裂缝网络。这些微地震事件可以通过线性回归方

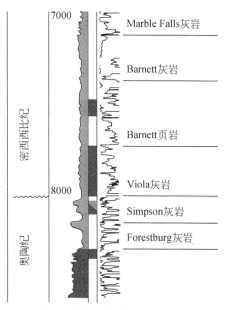

图 7.5　Barnett 核心区块典型测井曲线（Fisher *et al*.，2004）

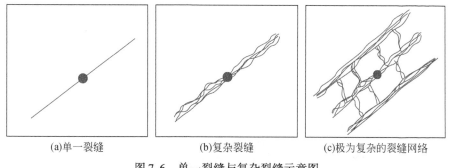

(a)单一裂缝　　　　　　(b)复杂裂缝　　　　　　(c)极为复杂的裂缝网络

图 7.6　单一裂缝与复杂裂缝示意图

法确定发生时间，这和详细的裂缝网络结果有直接关系。图中的实线代表裂缝网格的最小数量和大小。这口井的裂缝长度超过 4000ft（半缝长 2000ft），网络宽度大约为 1000ft，总的裂缝网络大约为 30000ft。图中在裂缝网络外部的 5 个方框是 5 口监测井的位置。

图 7.8 是 Barnett 典型的未固井水平井压裂裂缝监测结果。这口井压裂单段压裂排量 130bbl/min，总共加入 4200000gal 滑溜水压裂液，计入 853000lb 渥太华砂。从监测结果可以看到，裂缝网络半长大约为 1000ft，比典型的直井裂缝长度短。4 条裂缝宽度平均值为 500ft，比典型直井的短，4 条裂缝宽度总计达到了 2000ft 左右。图中标注空心圆点是孔眼位置，可以看出裂缝并不总是在孔眼处开启，有可能会在井筒附近岩石较为薄弱的地方开启。

（3）监测裂缝高度的延伸

微地震监测的应用是多方面的，它不仅可以用来分析裂缝网络的平面分布，而且可以与储层特征、岩石力学、地应力等方面结合后，用来分析压裂裂缝形成的机理，判断压裂

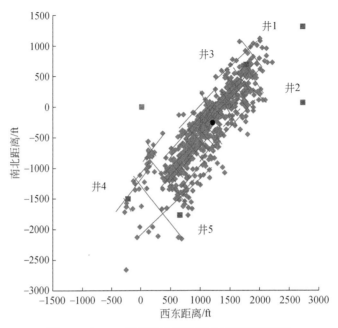

图 7.7　Barnett 页岩核心区块直井压裂监测结果

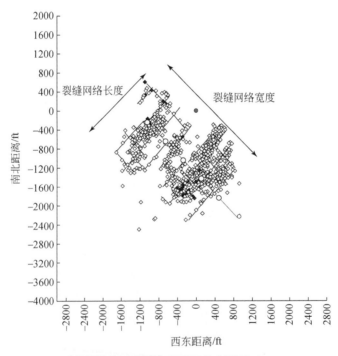

图 7.8　Barnett 页岩裸眼井压裂的典型裂缝分布平面（Fisher *et al.*，2004）

效果的优劣等。通过微地震监测，得到声波在压裂裂缝周围的传播速度，进一步与其他如伽马等测井曲线对比分析，可以判断裂缝在高度方向上的延伸情况。由图 7.9 可以看出，图中三段压裂裂缝高度向上或向下的延伸规律并不相同。第一段和第三段压裂裂缝的高度相对比较集中在压裂储层内部，穿越的范围并不大。第二段压裂裂缝高度主要向上延伸，基本没有向下延伸。根据不同的储层特征和上下遮挡层的情况，对裂缝高度的要求并不相同。有些储层压裂需要控制裂缝高度的延伸方向，如果下部含水较高或是水体的话，就要改变压裂位置，尽量避免压开水层，以免造成页岩气出现水淹情况。对于控制裂缝在高度方向的延伸，在水力压裂工艺上也有一定的解决方法（Warpinski *et al.*，2009）。

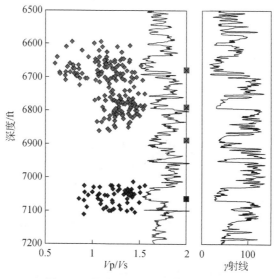

图 7.9　微地震解释缝高的延伸情况

　　同样，通过微地震监测与伽马曲线的分析，可以看到在压裂过程中微地震事件的分布情况。然后根据纵向上的层位分布和微地震数据的对比，发现裂缝在垂向高度方向上的延伸情况。在不同的缝长位置处，裂缝高度的扩展情况不同。某些位置裂缝高度的延伸受限，有些则穿越了储层厚度，延伸到上下顶底层，如图 7.10 所示。

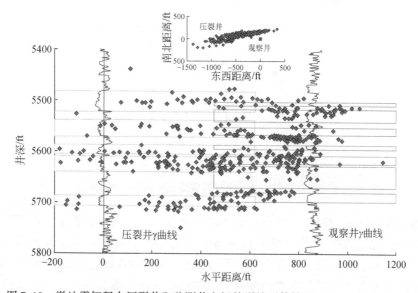

图 7.10　微地震解释在压裂井和监测井之间的裂缝延伸情况（Warpinski，2009）

　　图7.11 反映一口未固井水平井的监测结果，该井监测了两段压裂时的裂缝扩展情况，第一段压裂的裂缝高度稍微小于第二段压裂时的缝高，说明裂缝高度被完全限制在 Lower Barnett 层位，没有往下延伸。

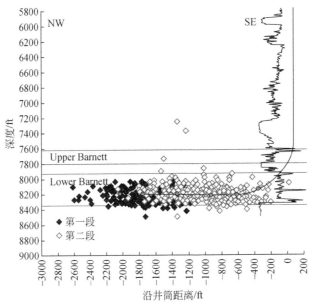

图 7.11　Barnett 页岩裸眼井压裂的典型裂缝分布侧视图（Fisher *et al.*，2004）

　　另外，根据压裂过程中所产生微地震事件的多少和密集程度，可以判断压裂裂缝的延伸情况、压裂是否受限或穿越产层以及穿越的位置，最终分析压裂效果的优劣。如果在产层内监测到的微地震事件较少，说明裂缝并没有在产层内延伸，如图7.12 所示。

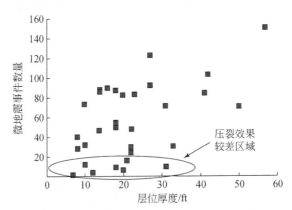

图 7.12　微地震解释限流法压裂时的裂缝延伸情况（Warpinski，2009）

　　通过微地震事件的数量，并结合储层地应力分布情况，可以判断裂缝在高度方向的延伸规律和受限情况，如图7.13～图7.16 所示。可以看出，在地应力较高的区域，基本没有微地震事件；微地震主要发生在距离射孔位置相对较近的区域，也就是地应力区域，这说明裂缝在高度方向上并没有较大的穿越，而是受限在储层内部区域，压裂效果较好。

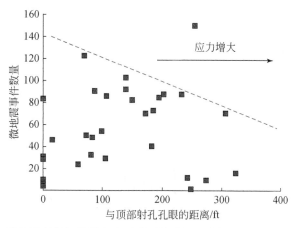

图 7.13　微地震事件解释限流法压裂时的裂缝延伸情况（Warpinski，2009）

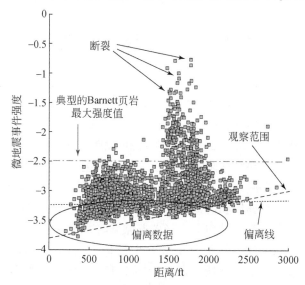

图 7.14　微地震解释不同压裂规模时的裂缝分布情况

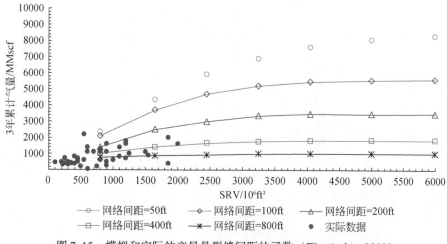

图 7.15　模拟和实际的产量是裂缝间距的函数（Warpinski，2009）

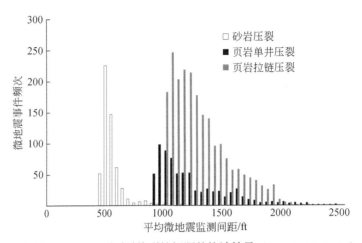

图 7.16　微地震监测到平均裂缝间距的统计结果（Warpinski，2009）

7.3　测斜仪裂缝监测

　　测斜仪裂缝监测通过在地面压裂井周围和邻井井下布置两组测斜仪来监测压裂施工过程中引起的地层倾斜，是经过地球物理反演计算确定压裂参数的一种裂缝监测方法。测斜仪在地表测量裂缝方向、倾角和裂缝中心的大致位置，在邻井井下可以测量裂缝高度、长度和宽度参数（Mayerhofer *et al.*，2010、贾利春和陈勉，2012）。

　　页岩气井水力压裂过程在裂缝附近和地层表面会产生一个变位区域，这种变位典型的量级为 1/100000m。测量变形场的变形梯度即倾斜场。裂缝引起的地层变形场在地面是裂缝方位、裂缝中心深度和裂缝体积的函数。变形场几乎不受储层岩石力学特性和就地应力场的影响。测斜仪在两个正交的轴向上，当仪器倾斜时，包含在充满可导电液体的玻璃腔内的气泡产生移动。精确的仪器探测到安装在探测器上的两个电极之间的电阻发生了变化，这种变化是由气泡的位置变化所引起的。图 7.17 显示了地面测斜仪和邻井井下测斜

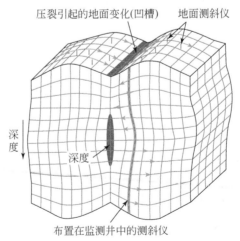

图 7.17　测斜仪监测裂缝（Cipolla *et al.*，2010）

仪观察的水力裂缝造成的地面变形。地面测斜仪监测的由垂直裂缝引起的地面变形是沿着裂缝方向的凹槽。通过凹槽两侧的突起可以推算出裂缝的倾角。井下测斜仪布置在与压裂层相同深度的邻井中，垂直裂缝会在邻井处产生突起变形，从而可以推算出裂缝的几何形态（Cipolla et al.，2010、贾利春和陈勉，2012）。

7.4 裂缝监测与产能模拟

页岩气压裂效果评价的关键是分析压裂产生的裂缝复杂程度，这需要将裂缝监测与储层数值模拟以及生产效果等结合起来进行综合分析。不同支撑剂的分布情况，会导致压后产量差异较大，因此，要根据微地震监测结果判断支撑剂的输送运移及分布沉降位置等，如图 7.18 所示。

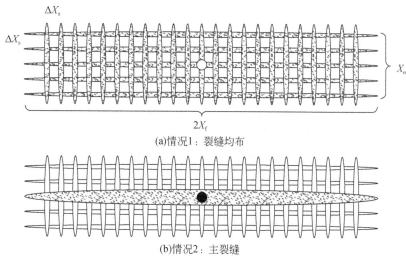

(a)情况1：裂缝均布

(b)情况2：主裂缝

图 7.18 支撑剂分布情况（Cipolla，2009）

通过产能数值模拟的方法判断直井和水平井裂缝与产能关系，基本数据见表 7.4。

表 7.4 储层参数

深度/ft	7000
储层渗透率/mD	$1.0 \times 10^{-5} \sim 1.0 \times 10^{-4}$
净厚度/ft	300
孔隙度	0.03
初始孔隙压力/psi	3000
水饱和度	0.3
储层温度/℉	180
岩石压缩系数/psi	3.0×10^{-6}
气体黏度/cP	0.019
气体相对密度	0.6

7.4.1　直井压裂的情况

（1）小规模的情况分析

假设直井间距为 1000ft×2000ft，假设缝网宽度为 150ft，展布长度为 1000ft，裂缝网络宽度为 300ft，缝间距为 50ft（图 7.19）；井底流压为 500psi。

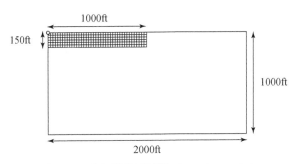

图 7.19　小规模缝网情况（Cipolla，2009）

通过数值模拟手段，研究缝网在不同导流能力下以及单翼裂缝情况下的产量变化，可以判断导流能力和缝网规模对产能的影响。裂缝网络的导流能力又分两种，主裂缝的导流能力为无限导流，均匀分布的裂缝为有限导流。在储层渗透率为 $1.0×10^{-4}$ mD，有限导流能力为 5ft·mD，缝网中裂缝间距为 50ft 时，进行数值模拟，得到的结果如图 7.20 和图 7.21 所示。可以看出，单翼缝和裂缝网络的产量差别较大。单翼缝高导流呈现典型的 1/2 曲线，但是连接裂缝网络的高导裂缝比 1/2 曲线更陡，曲线斜率为 0.5~1。

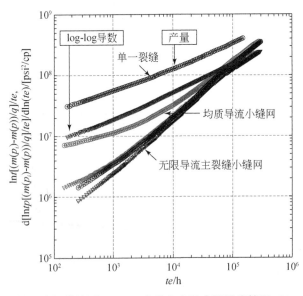

图 7.20　单翼缝-小规模缝网 Log-Log 曲线和主缝有限导流情况（Cipolla，2009）

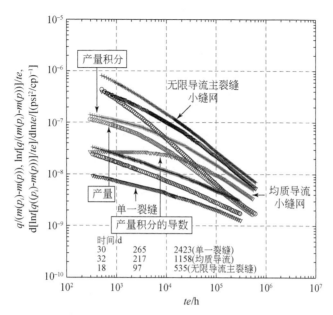

图 7.21　单翼缝-统一导流能力的 Blasingame 曲线和小规模主缝有限导流情况（Cipolla，2009）

（2）大规模缝网压裂的情况分析

假设缝网宽度为 1000ft，半长为 1000ft，研究不同导流能力下的产量变化情况，如图 7.22 所示。导流能力为 0.5~500ft·mD，得到的结果如图 7.23 和图 7.24 所示。可以看到随着裂缝网络体积的增大，所需要的裂缝导流能力就会更大。

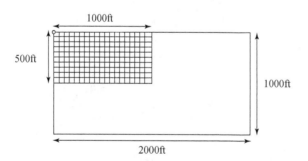

图 7.22　直井大规模缝网压裂情况（Cipolla，2009）

7.4.2　水平井的情况

在不改变页岩气储层参数的情况下，对水平井段产能进行了研究分析，具体的页岩气、裂缝和水平井的有关参数见 Cipolla 等（2009a）。假设裂缝改造体积为 $2 \times 10^9 \mathrm{ft}^3$，模拟计算得到的储层内压力分布如图 7.25 所示。

假设裂缝网络或次级裂缝的导流能力为 0.5ft·mD，同时主裂缝的间距为 200ft、400ft，通过数值模拟可以确定主裂缝导流能力对压裂效果的影响程度。在基质渗透率分别

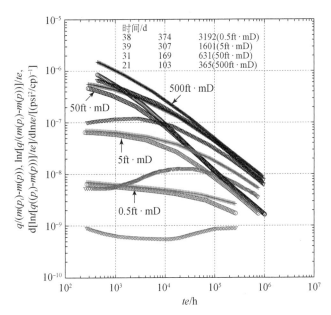

图 7.23　大规模缝网压裂裂缝大网格情况 Blasingame 曲线（$k=1\times10^{-4}$mD，$D_x=50$ft）

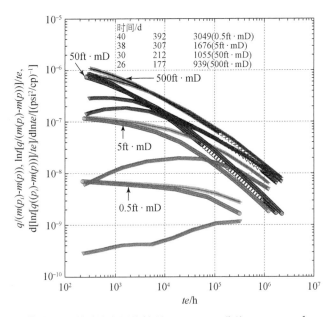

图 7.24　大规模缝网压裂裂缝大网格情况 Blasingame 曲线（$k=1\times10^{-5}$mD，$D_x=50$ft）

为 1×10^{-5}mD、1×10^{-4}mD 时，同时主裂缝导流能力的变化范围为 0.5ft·mD、5ft·mD、50ft·mD、500ft·mD，可以得到对应的 Blasingame 曲线，如图 7.26 和图 7.27 所示。实际上，会发现主裂缝的导流能力和裂缝间距对页岩气井的最终产量影响并不大。此外，对于基质渗透率在 1×10^{-5}mD 和 1×10^{-4}mD 时，无论主裂缝导流能力是高还是低，其生产曲线

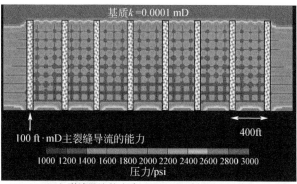

(a)主裂缝导流能力为100ft·mD时的压力分布

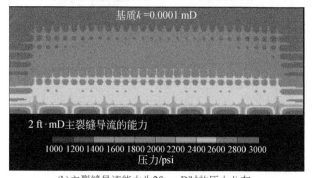

(b)主裂缝导流能力为2ft·mD时的压力分布

图 7.25　水平井缝网压裂后储层内压力分布

特征基本相近（Cipolla *et al*., 2009c）。

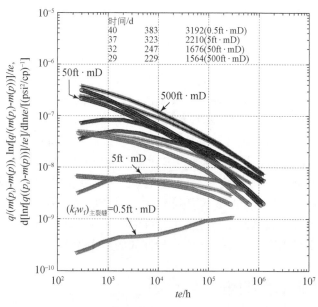

图 7.26　水平井缝网压后 Blasingame 曲线（Cipolla, 2009）

主裂缝间距为 400ft

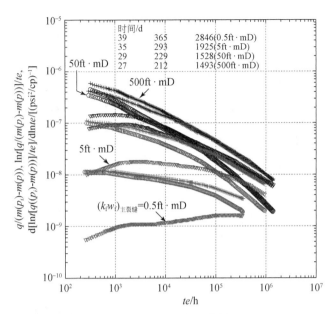

图 7.27　水平井缝网压后 Blasingame 曲线 （Cipolla，2009）

主裂缝间距为 200ft

7.5　压后试井解释

7.5.1　典型裂缝网络特征

对于页岩气压裂后的生产效果，影响因素较多，其中有许多参数很难解释甚至无法解释。通过数值模拟的手段，得到 Blasingame 和双对数生产曲线，可以分清哪些是高导流能力的裂缝网络，哪些低导流能力的曲线。典型的低、中、高导流能力三种类型的裂缝网络（Cipolla et al.，2009b）的生产曲线特征如图 7.28 所示。由于早期过渡流主要取决于裂缝网络块的大小、整体裂缝网络尺寸、基质渗透率等，因此不同特征下的早期过渡流生产时间相差较大。图 7.28 中曲线的变化规律也显示出早期过渡流生产时间近似是裂缝网络导流能力的函数。如果裂缝网络导流能力较强，曲线在早期生产阶段会非常陡直、斜率较高，产量曲线和产量褶积曲线之间的间距会较大，而产量褶积曲线和产量褶积导数曲线之间的间距会较小。另外，裂缝网络导流能力较强时，相对于较低的导流能力，其受边界流控制的影响时间会更早地表现出来，这时产量曲线的斜率为 1。

7.5.2　Barnett 页岩气直井产能分析

以 Barnett 页岩气某直井为例。第一次使用线性胶压裂，生产一段时间后又使用滑溜水重复压裂。两次压裂的产量情况如图 7.29 所示。使用 Blasingame 产能分析分别对胶液

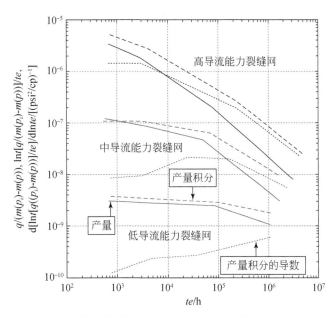

图 7.28　缝网导流能力分别为低、中、高时的产量特征（Cipolla, 2009）

和滑溜水压裂后的产能进行拟合。

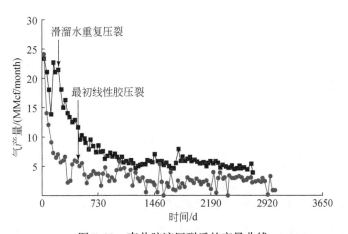

图 7.29　直井胶液压裂后的产量曲线

　　使用胶液压裂后的生产产能如图 7.30 所示，可看到三组曲线的斜率均为 0.5，这说明裂缝导流能力较强，意味着基本没有裂缝网络的存在。尽管刚开始看到这些曲线时会认为它是高产井，压裂效果非常好，但对于页岩气井，这种高导流能力的曲线却意味着压裂效果不好，因为页岩气井需要的是较大范围的改造体积和复杂的裂缝网络。

　　滑溜水重复压裂后的生产效果，如图 7.31 所示。图中曲线表示的是裂缝网络的整体导流能力较强，但是基质渗透率或裂缝网络块的渗透率较低，这是页岩气井压裂后形成复杂裂缝网络的典型特征，也意味着压后生产效果会较好。

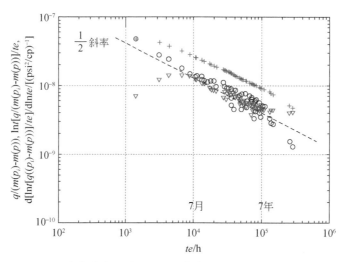

图 7.30　直井胶液压裂后的双对数产量曲线（Cipolla，2009）

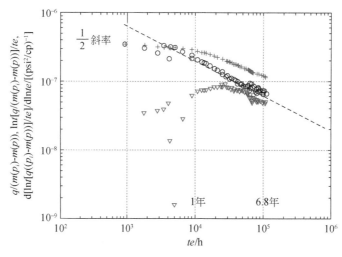

图 7.31　直井清水重复压裂后的产量曲线（Cipolla，2009）

7.5.3　Barnett 页岩气水平井产能分析

　　Barnett 页岩气水平井都是采用大排量体积压裂方式。研究压裂规模和导流能力等对水平井压裂后的产能影响，对今后的压裂设计具有一定的指导意义。另外，通过与直井压后产能的对比，可以看到水平井的压裂效果要好于直井。裂缝网络的导流能力对水平井压后产能影响较大，因此应尽可能在水平井压裂段或射孔簇之间形成更多的裂缝网络，进一步增大有效支撑的改造体积。

　　以某水平井为例，第一次压裂采用的是线性胶压裂液，同时进行了微地震裂缝监测，后来又进行滑溜水重复压裂。图 7.32 反映了两者之间的 SRV 或裂缝网络以及压后效果的差异。该井水平井段长度为 2000ft，均匀布置了 6 个射孔簇，采取全井段压裂。第一次使用线性胶压裂液压裂，主要目的是判断在水平井段是否会产生径向裂缝，微地震监测结果见图 7.32 （a）。实际上，Barnett 页岩气水平井的方位都是与主裂缝相互垂直的，压裂产生的是横向裂缝，并且形成大量的裂缝网络。投产几个月后，该井又使用滑溜水进行重复压裂，微地震结果如图 7.32 （b）。由图 7.32 可知，使用线性胶液压裂所产生的裂缝网络体积远远小于滑溜水压裂的裂缝体积（Cipolla *et al.* ，2009c）。

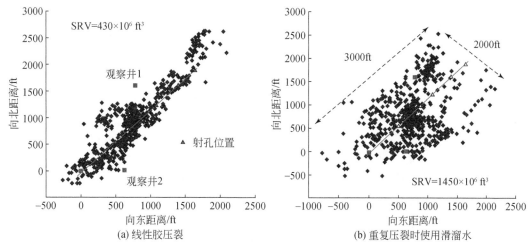

图 7.32 水平井胶液和清水重复压裂的改造体积对比

使用滑溜水重复压裂后的产量，如图 7.33 所示。通过与使用胶液压裂后的产量对比，可看到，滑溜水压裂后的产量提高幅度较大，因此也可以进一步证实滑溜水压裂所产生的裂缝网络体积远大于使用胶液的情况。使用 Blasingame 产能分析方法，分别对线性胶压裂液和滑溜水压裂后的产能进行拟合。

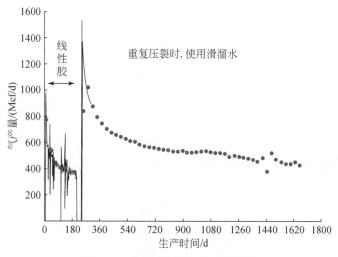

图 7.33 水平井压裂后的产量曲线

使用线性胶压裂液压裂后的 Blasingame 生产曲线，如图 7.34 所示，裂缝导流能力较低。通过对比产量和产量褶积两条曲线，可以看到它们的斜率都是 0.25，并且产量褶积导数曲线与前两条曲线之间存在一定的分离。另外，与直井压裂后的 Blasingame 生产曲线对比后，会发现两者差别较大。尽管该井在重复压裂之前，已经生产了半年时间，但是通过与直井的产量对比会发现该井的产量较低，并没有形成高导流能力的支撑主裂缝。造成裂缝导流能力较低的原因可能是线性胶压裂后滞留在裂缝和地层中没有完全破胶，返排效果不好，对支撑裂缝有伤害。

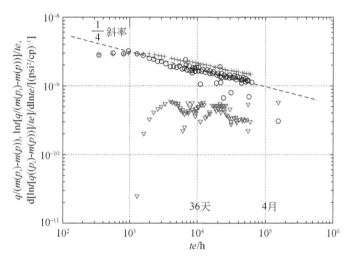

图 7.34　水平井线性胶压裂液压裂后的 Blasingame 产量曲线（Cipolla, 2009）

使用滑溜水重复压裂后的 Blasingame 生产曲线如图 7.35 所示，该曲线表示裂缝网络的导流能力较低。页岩气井压裂后，如果产生的是裂缝网络，投产后的生产曲线往往与图 7.35 所示的类似。尽管压裂产生了大量的裂缝网络，所改造的裂缝体积也较大，但

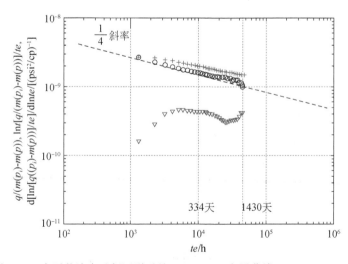

图 7.35　水平井清水重复压裂后的 Blasingame 产量曲线（Cipolla, 2009）

所表现出来的裂缝网络导流能力却往往较低。另外，对压裂效果优劣的判断，也不能仅仅依据生产曲线特征，还需要结合水平井段的方位和微地震裂缝监测结果，进行综合分析后才能最终确定裂缝特征（Cipolla *et al.*，2009c）。

对于页岩气压裂后的生产情况，也可以进行不稳定试井测试判断压裂效果的优劣。现场常采用压降/恢复或者注入/压降试井方法。在进行压后试井解释之前，需要了解压裂之前储层的平均渗透率和储层压力。压后试井不仅能够确定压裂改造体积的大小和裂缝参数等，还能预测页岩气产能（Frantz *et al.*，2005）。由于压后产量往往较大，气体处于线性流阶段，因此很难确定出地层的平均渗透率。图 7.36 是典型的试井诊断曲线，图 7.37 是试井解释结果，由此能够确定出裂缝长度、导流能力和地层渗透率以及储层压力等参数。

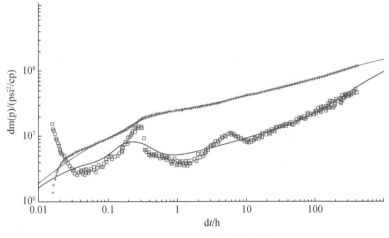

图 7.36　压裂后的压力恢复曲线

根据储层参数，所得到的压力恢复特征曲线如图 7.37 所示。图 7.37 中直线为压力特征曲线，点线为井底压力，压力导数曲线为细线。

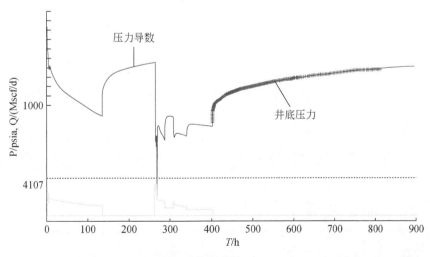

图 7.37　压裂后的压力恢复曲线（Frantz *et al.*，2005）

对上面的压力恢复特征曲线进行校正，同时根据解释模型对测试程序进行数值模拟，得到的曲线如图7.37。

7.6　示踪剂压裂监测

示踪剂压裂监测又叫压裂增产示踪诊断，它是一种放射性示踪测试诊断技术，但它并不是一种实时监测技术，需要在压裂结束后对收集的数据进行整理和分析，从而得出压裂效果的诊断结果。

目前水力压裂是提高页岩气井产能的最有效手段，但是要想实现压裂增产目标的最大化，必须解决以下问题：①识别有效支撑剂的分布，防止压裂液返排吐砂；②确定压开裂缝的高度并识别裂缝倾斜情况；③识别未压裂或欠压裂层段；④选择重复压裂井或层段。

压裂增产示踪诊断技术能够有效地解决上述问题，定量分析压裂液用量是否合理，获取有效支撑剂的分布，确定支撑剂返排问题，识别过渡顶替，并最终给出压裂层段和压裂井压裂后的整体效果，量化分析是否达到压裂目标。

目前，常用的示踪剂是比较安全的，并具有以下特点。

1）低辐射：比日常所用的烟感器辐射还要低。

2）低能量：比地层自然放射性材料至少低一个数量级。

3）零冲洗：零污染，基质烧结，非外附着方式。

4）半衰期短：60～80天。

5）用量少：一茶杯大小的量至少可满足一个作业。

6）包装和运输安全：多层铅罐铅箱包装，专用车辆（国家监管）运输。

第8章 页岩气水力压裂效果分析

裂缝监测并不能完全确定压后生产效果，需要结合页岩气井的生产数据、储层特征和压裂施工数据等，进行综合分析后才能判断出压裂效果的优劣。另外，通过生产试井、压后返排测试以及产量递减分析等，也可以预测产量，确定页岩气井的产量变化规律，为压后生产井的管理提供依据。

8.1 压裂施工参数对产气量的影响

8.1.1 压裂施工介绍

在得克萨斯州福特沃斯盆地的 Newark East 油田，Chief 石油天然气公司从 1996 年就开始在 Barnett 页岩气区块进行钻井。2003 年以来已经投产 182 口井，这些井大多位于得克萨斯州的登顿（Denton）和塔伦特（Tarrant）两县。该地区是密西西比时期的页岩气，地层天然裂缝比较发育，但也含有较多的砂岩。水力压裂的液量规模在 600000 ~ 1500000gal，加砂量为 120000 ~ 400000lb。大多数井的完井层位是下部的 Barnett 页岩，只有极少数是上部和下部的 Barnett 页岩同时开采（Coulter et al.，2004），如图 8.1 所示。

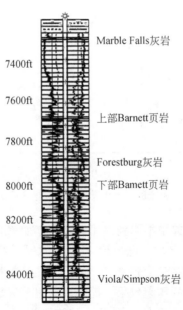

图 8.1 得克萨斯州 Denton 县页岩气的典型测井曲线

大多数井压裂时，所采用的支撑剂为 40～70 目的砂，尾追为 20～40 目的砂，通常的比例为 40～70 目的支撑剂占 75%，其余 25% 为 20～40 目的支撑剂。由于滑溜水压裂液黏度较低，为了将更多的支撑剂铺置在裂缝中并且输送到裂缝更远端，所以 40～70 目支撑剂所占比例较高。另外，该地区的压裂施工表明，生产效果与较高的压裂净压力之间存在较好的对应关系，但仍不清楚具体原因。

通过压裂施工参数数据与产气量之间的统计分析，可知产气量与加砂量和压裂液用量之间存在一定正相关关系。加砂量与 180 天、360 天的累计产气量之间的关系，如图 8.2 和图 8.3 所示。由图可知，两者之间在某一范围内存在离散关系，但仍集中在某一区域，说明这一区间内加砂量对产气量影响较大，两者存在比较直观的关系。

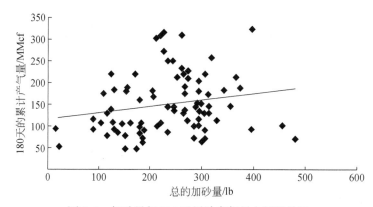

图 8.2　加砂量与 180 天累计产气量之间的关系

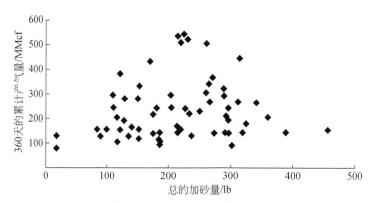

图 8.3　加砂量与 360 天累计产气量之间的关系

页岩气产量与总液量之间关系不明确，比较离散，如图 8.4 所示。

另外，在 Marcellus 页岩气区块，已有近 3000 口水平井投产，积累了大量的施工和生产数据，利用数值模拟的手段对生产数据与压裂施工数据进行历史拟合，以便分析 Marcellus 页岩气区块的水平井的压裂效果，能够确定出分段数量、间距、压裂液用量、加砂量等对产量的影响程度，为今后的压裂设计和施工提供参考。主要的压裂施工参数见表 8.1。

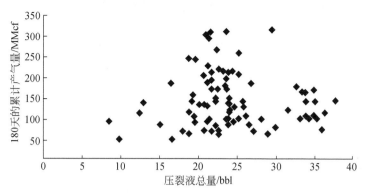

图 8.4　压裂液量与 180 天累计产气量之间的关系

表 8.1　Marcellus 页岩气压裂施工参数

压裂段数	段间距/ft	滑溜水用量/bbl	加砂量/lb
6~15	213~586	7500~15500	343000~960000

　　由表 8.1 可知，该区块的压裂施工参数范围比较大，很难确定哪一个范围能够获得较好的压裂效果，因此需要结合储层特征、生产数据等进行生产历史拟合，以便确定一个合理的参数范围，为 Marcellus 页岩气后期的开发提供新的压裂方案和设计。

8.1.2　压裂施工参数与产量关系

　　利用双重介质模型，并考虑页岩气的吸附与解吸等，可以用来预测页岩气压后产量和压力变化。据此，得到压裂段间距与 5 年和 10 年累计预测产量之间的关系，如图 8.5 所示。另外，根据压裂段间距与压后初产之间的分析，认为在近井筒周围存在大量的裂缝网络，所以压后产量较高。根据模拟结果，可看到裂缝段间距对 5 年内的短期产量影响较大。较小的段间距意味着裂缝网络之间相互重叠交错，但只是影响初期产量，由于改造体积有限，因此并不能影响页岩气的采收率。最后可知，300ft 的段间距既能获得比较高的

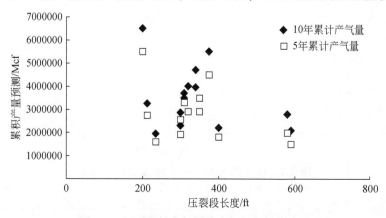

图 8.5　压裂段长度与累计产气量之间的关系

采收率，同时也能经济高效地开发页岩气，但还需要进一步深入研究。

　　压裂液用量与页岩气产量之间的关系如图 8.6 所示。实际上，在压后 1 年内，页岩气产量与压裂液用量之间并不存在明显的关系，但在压后第 5 年和 10 年时，两者之间存在某种趋势。

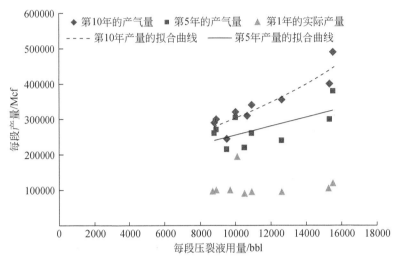

图 8.6　压裂段各间产量与压裂液量之间的关系

　　如图 8.7 所示，增大压裂液用量能够增大产量的原因可能是滑溜水能够溶解天然裂缝中的钙质或其他堵塞物，起到增大渗透率的作用。水量增加，可以溶解更多的矿物质增大裂缝于储层之间的接触面积。天然裂缝的重新张开，增大了裂缝的渗透能力，因此模拟得到的后期产量不断增加。

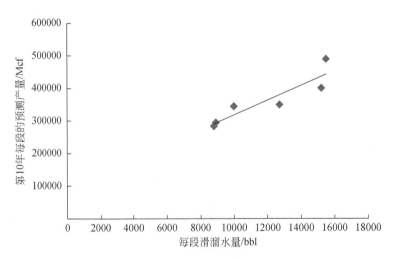

图 8.7　压裂段液量与预测产气量之间的关系

　　根据相同的数值模型，可以得到其他压裂施工参数与产气量之间的关系，如图 8.8 ~ 图 8.10 所示。拟合曲线与离散点之间的拟合程度相对较好。

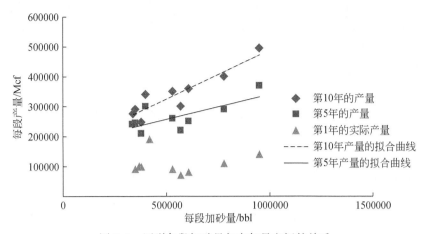

图 8.8　压裂各段加砂量与产气量之间的关系

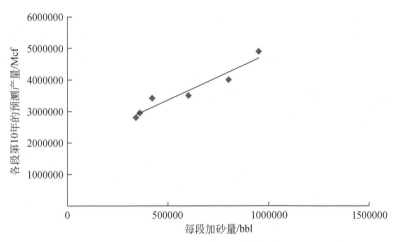

图 8.9　压裂各段加砂量与 10 年预测产气量之间的关系

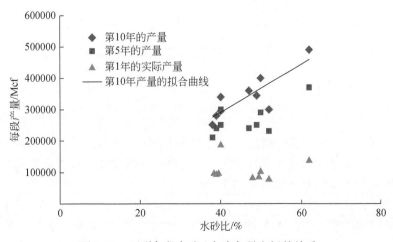

图 8.10　压裂各段水砂比与产气量之间的关系

　　根据上面的拟合结果，可知裂缝半长、压裂裂缝导流能力和天然裂缝的渗透率等是数值模拟的关键参数；利用相同的模型模拟了 Marcellus 页岩中的 4 个区块，适应性较好；另外就是压裂段数对页岩气井的初产影响较大，而加砂量和压裂液量对初产的影响不大，主要对长期产量影响较大。

8.2　页岩气压裂效果的试井分析

8.2.1　试井分析模型

　　只有页岩气井压裂后才具有一定的工业产量和经济开采效益。对于后期的生产效果，可以利用试井数据进行分析，但是由于页岩气压裂后的渗流状态非常复杂，存在多种渗流方式，如吸附解吸、多级裂缝等，因此需要结合实际的生产数据进行分析，才有一定的针对性。本节主要介绍目前常用的试井分析模型和方法以及应用情况。

　　在双重介质模型的基础上，根据页岩气压后流动规律提出 6 种流动形态，如图 8.11 所示。实际上，页岩气在裂缝内和基质中的线性流以及过渡流等的流动时间较短，在现场测试或生产数据中很难确定，因此比较常用的还是页岩气在地层中的不稳定流动阶段。利用这一阶段的流动特征来分析确定页岩气和压裂裂缝的有关参数，通过生产数据的历史拟合后，进行压裂效果分析和产能预测。

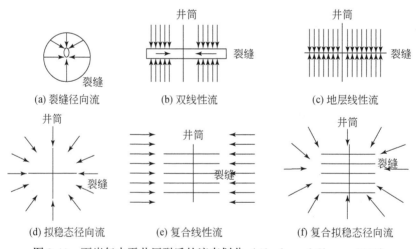

图 8.11　页岩气水平井压裂后的流态划分（Aboaba and Cheng，2010）

　　对于页岩气这种非常致密的储层，经过水平井分段压裂后，储层有大量的裂缝，裂缝渗透率和页岩基质渗透率相差几个数量级，不能直接使用常规的双重介质模型，因此有学者提出了平板双重介质模型，如图 8.12 所示。

　　页岩气水平井分段压裂生产数据，利用平板双重介质模型进行分析，如图 8.13 所示，得到了 5 个阶段的流态。阶段 1 为裂缝内的不稳定流，阶段 2 为裂缝与基质内的双线性

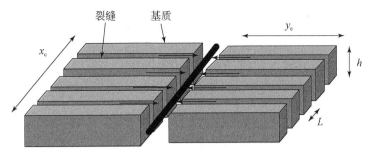

图 8.12　平板双重介质模型（Bello and Wattenbarger，2010）

流，阶段 3 为无限导流，阶段 4 为基质内的不稳定流动，阶段 5 为受边界影响的流动。大多数页岩气压后的流动形态主要表现为阶段 4，因此，多利用这一特征分析页岩气井的产能。

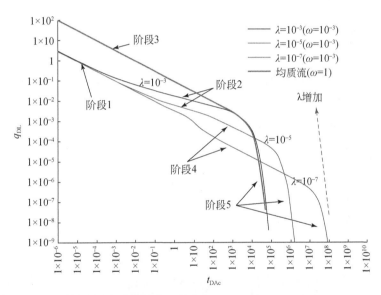

图 8.13　平板双重介质储层中 5 种流态（Bello and Wattenbarger，2010）

　　考虑到双重介质模型中的裂缝和基质之间的流动规律，通过建立相关的理论方程，可以计算确定每种流动阶段所对应的特征方程，具体方程见表 8.2。

表 8.2　定压内边界条件下的双重介质特征方程（据 Bello and Wattenbarger，2010）

类别	方程	分析方程
早期线性流（裂缝）	$q_{DL} = \dfrac{1}{2\pi \sqrt{\pi t_{DAc}/\omega}}$	$\sqrt{k_f}\, A_{cw} = \dfrac{1262T}{\sqrt{\omega\,(\phi\mu c_t)_{f+m}}}\dfrac{1}{\tilde{m}_1}$
双线性流	$q_{DL} = \dfrac{\lambda_{Ac}^{0.25}}{10.133\, t_{DAc}^{0.25}}$	$\sqrt{k_f}\, A_{cw} = \dfrac{4070T}{\left[\sigma k_m\,(\phi\mu c_t)_{f+m}\right]^{0.25}}\dfrac{1}{\tilde{m}_2}$

类别	方程	分析方程
无限导流	$q_{DLh} = \dfrac{1}{2\pi} \dfrac{1}{\sqrt{\pi t_{DAch}}}$	$\sqrt{k_f}\,A_{cw} = \dfrac{1262T}{\sqrt{(\phi\mu c_t)}} \dfrac{1}{\tilde{m}_3}$
基质不稳定线性流	$q_{DL} = \dfrac{1}{2\pi} \dfrac{1}{\sqrt{\pi t_{DAc}}}\sqrt{\dfrac{\lambda_{Ac}}{3}}\,y_{De}$ 或 $q_{DLm} = \dfrac{1}{2\pi} \dfrac{1}{\sqrt{\pi t_{DAcm}}}$	$\sqrt{k_m}\,A_{cm} = \dfrac{1262T}{\sqrt{(\phi\mu c_t)_{f+m}}} \dfrac{1}{\tilde{m}_4}$
控制边界	—	—

　　根据页岩气储层和流体的相关参数，通过表 8.2 中的特征方程，可计算得到特征曲线和实际生产曲线。然后再进行历史拟合，当两者拟合较好时，说明理论计算结果与实际数据比较一致，进而就能利用这一模型预测页岩气井的产量变化情况。

8.2.2　试井分析实例

　　某口页岩气井的实际生产数据，即压力和产量曲线（图 8.14），相关参数见表 8.3。

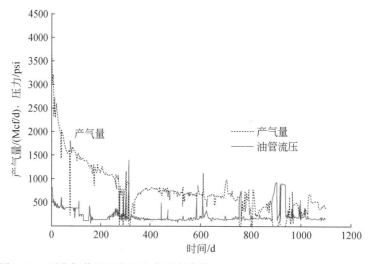

图 8.14　页岩气井的压力和生产动态曲线（Bello and Wattenbarger，2010）

表 8.3　储层和流体参数

参数	数值	参数	数值
裂缝间距 L_w	2000ft	绝对温度 T	140°F（600°R）
距离储层外边界的距离 y_e	250ft	天然气比重 r_g	0.57
储层厚度 h	100t	天然气在地层条件下的体积系数 B_{gi}	0.6702RB/Mscf
井筒半径 r_w	0.3ft	天然气在地层条件下的黏度 μ_i	0.02308cP
裂缝和基质孔隙度 ϕ_{f+m}	0.08	储层无因次距离（长方形）y_{De}	0.395
初始地层压力下总压缩系数 C_{ti}	1.185×10^{-4} psi^{-1}	储层拟压力 $m(p_i)$	1.1×10^{9} psi^2/cP

续表

参数	数值	参数	数值
裂缝渗透率 k_f	0.015mD	井底拟压力 $m\ (p_{wf})$	$1.99\times10^7\,\text{psi}^2/\text{cP}$
基质渗透率 k_m	2.5×10^{-9} mD	基质分裂缝的接触面积 A_{cw}	4×10^5 ft
储层压力 p_i	4300psi	窜流系数 λ_{Ac}	3.2×10^{-4}
井底流压 p_{wf}	500psi	存储比 ω	10^{-3}

　　利用平板双重介质模型和生产数据进行计算，并对实际生产数据进行拟合，确定出线性流阶段和对应的特征曲线，如图 8.15 所示。

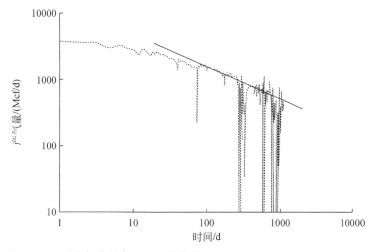

图 8.15　页岩气井的产量双对数曲线（Bello and Wattenbarger，2010）

　　利用平板双重介质模型和生产数据，并考虑天然气的压缩因子和拟压力，建立拟压力与时间平方根之间的理论方程，得到的特征曲线如图 8.16 所示。

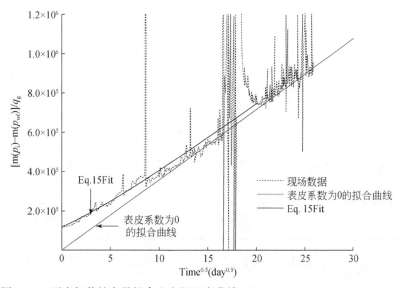

图 8.16　页岩气井的产量拟合和实际生产曲线（Bello and Wattenbarger，2010）

8.3　页岩气压裂效果的递减分析

8.3.1　新的递减模型

为了评价压裂或重复压裂增产的价值，压裂规模和类型对页岩气最终采收率的影响，页岩气井产量的主要因素，分析 Barnett 页岩气区块中近 7000 口井的生产数据。通过针对页岩气井的产量递减分析，能够确定产量递减规律和单井的采收率。

新的产量递减模型包括 3 个参数：指数 n、时间的特征参数 τ、初始产量 q_i。实际上，初始产量是一个理想的参数，因为在页岩气井生产过程中，产量先是增加到某一阶段后达到最大值，然后递减不断变化，因此，在模型中选取产量最大值作为初始产量。

根据表 8.4 的理论模型，给定不同的指数，可以得到对应的递减特征曲线，如图 8.17所示。

表 8.4　新的产量递减方程及含义

变量	含义	说明
t	时间段，无因次	
q	在时间段内的产量	
q_t	模型参数，最大产量	
n	模型参数，无因次	
τ	模型参数，无因次	
Q	$\int\limits_0^t q\mathrm{d}t$	累计产量
EUR	$\int\limits_0^\infty q\mathrm{d}t$	预测采收率
r_p	$1-Q/\text{EUR}$	采收率潜力
q_D	q/q_t	无因次产量
Q_D	Q/q_t	无因次累计产量
EUR_D	EUR/q_t	无因次采收率
$\mathrm{d}q/\mathrm{d}t$	$-n\left(\dfrac{t}{\tau}\right)^n\dfrac{q}{t}$	模型的导数方程
q	$q_t\exp\left[-\left(\dfrac{t}{\tau}\right)^n\right]$	以时间为函数的产量方程
q_D	$\exp\left[-\left(\dfrac{t}{\tau}\right)^n\right]$	无因次产量方程
Q_D	$\dfrac{t}{n}\left\{T\left(\dfrac{1}{n}\right)-T\left[\dfrac{1}{n},\left(\dfrac{t}{\tau}\right)^n\right]\right\}$	无因次累计产量方程

续表

变量	含义	说明
EUR_D	$\dfrac{\tau}{n}T\left(\dfrac{1}{n}\right)$	无因次采收率方程
r_p	$\dfrac{1}{T\left(\dfrac{1}{n}\right)}T\left(\dfrac{1}{n},\ -ln\,q_D\right)$	采收率潜力方程

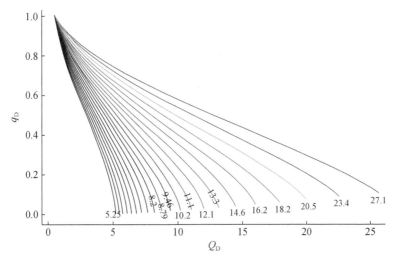

图 8.17　无因次产量和累计产量曲线（Valko, 2009）

$n=0.5$

　　利用图 8.17，可以计算无因次产量和采收率，步骤如下：①确定最大产量；②计算对应的无因次产量和累计产量；③假设一个 n 值，利用图 8.17 中的曲线，绘制出对应的特征曲线；④确定对应的采收率。

　　最后，计算得到无因次产量和累计产量以及采收率曲线，如图 8.18 所示。图中实线为采收率理论曲线，理论上应该与纵坐标相交于 1.0。如果给定的 n 值过大或过小，如图 8.18 中假设 $n=0.5$、$n=0.4$ 得到的两条曲线与纵坐标的交点一个小于 1.0，一个大于 1.0，由此判断所计算的理论采收率不正确，需要改变指数 n（Valko, 2009）。

　　根据 Barnett 页岩气区块中一口生产井两年多来的实际数据（图 8.19），可知日产量存在一定的差异和波动，有些波动较大，这可能是关井作业后投产或日常测试维护等造成的。在新井投产几天后，该井就达到了最高日产量。

　　去除产量异常的点，并取采收率指数为 0.5，对图 8.19 中的产量数据进行处理，可以得到该井的采收率曲线，如图 8.20 所示。拟合曲线根据最小平方差拟合得到，与纵坐标的交点为 1.02，与横坐标的交点为 1.16Bcf。

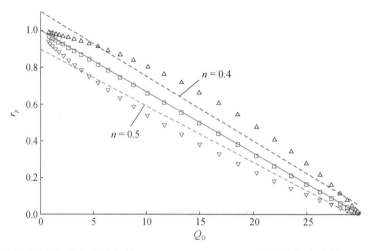

图 8.18　理论无因次产量和累计产量（$n = 0.45$, $\tau = 29.7$）以及采收率曲线（Valko, 2009）

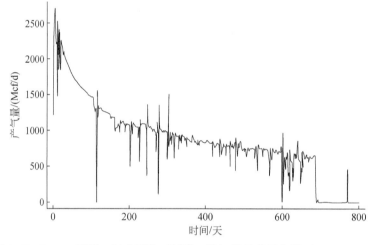

图 8.19　Barnett 页岩一口水平井（压裂 5 段）的日产量曲线（Valko, 2009）

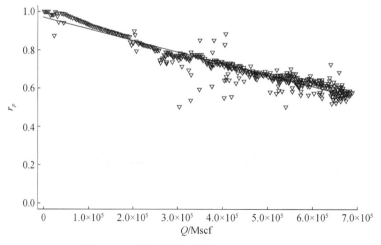

图 8.20　理论采收率曲线（Valko, 2009）

$q_{\max} = 2704\,\text{Mscf/d}$

利用图 8.20 中的有关参数，可以预测该井未来几年的产量变化趋势，如图 8.21 所示。

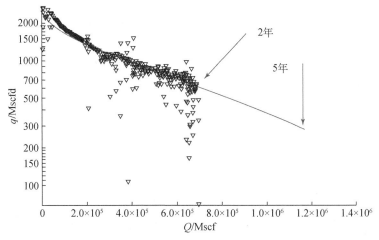

图 8.21 根据理论采收率预测未来 5 年的产量变化（Valko，2009）

8.3.2 常规递减分析

如图 8.22 所示，Barnett 页岩气区块 1991 年之前采用小规模交联液或泡沫压裂，1991 ~ 1998 年采用大规模交联液压裂（高砂比、大砂量），1998 年以后采用大规模滑溜水压裂井。可以看出，大规模滑溜水压裂井产量明显增加。

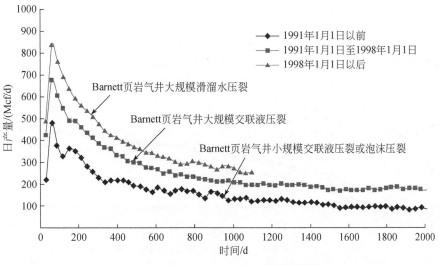

图 8.22 Barnett 页岩气井生产情况统计

在 Barnett 页岩气区块，对 2000 ~ 2005 年所投产的 2842 口直井和自 2003 年以后投产的 256 口水平井的产量情况进行了统计分析，得到了 Barnett 页岩气区块的产量递减曲线。

这对其他页岩气区块也具有一定的指导意义。

　　利用 3 个月的产量和 12 个月的累计产量，分别对直井和水平井的情况进行了统计，得到了对应的曲线，如图 8.23 所示。图中小方框表示 Barnett 页岩气区块的 2400 口直井，拟合曲线的拟合率为 0.8758，说明拟合得比较准确。可以利用这条拟合曲线预测 12 个月内产量变化和累计产量。小三角表示的是 250 口水平井的产量情况，虚线是拟合曲线，拟合率为 0.9697。值得注意的是，水平井的产量趋势与直井的刚好一致，这说明用直井的产量曲线可以预测水平井的短期产量变化趋势。这可能并不准确，但对具有类似储层特征的页岩气井来说，可以用来解决产量递减的分析问题。图中黑色方块是 P10、P50 和 P90 三口井至少 12 个月的产量。

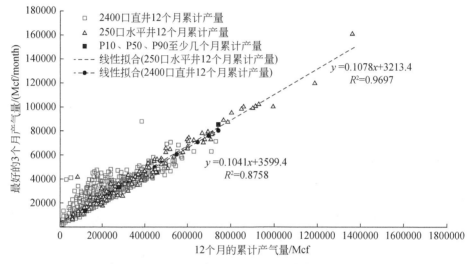

图 8.23　Barnett 页岩气井最好的 3 个月产量与 12 个月累计产量的关系（Frantz et al.，2005）

　　将第 3 个月、12 个月和 30 年的最终采收率进行统计分析，得到直井与水平井的对比结果，如图 8.24 ~ 图 8.26 所示。第 12 个月的产量数据表明，P50 的水平井产量是 P50 直

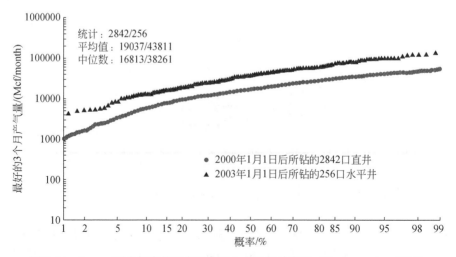

图 8.24　Barnett 页岩气直井和水平井的 3 个月累计产量（Frantz et al.，2005）

井产量的 2.5 倍。以年递减率 2% 预测开发 30 年，最终的采收率曲线表明 P50 的水平井采收率是 P50 直井采收率的 3.8 倍。这说明水平井的开发效果要远远好于直井。

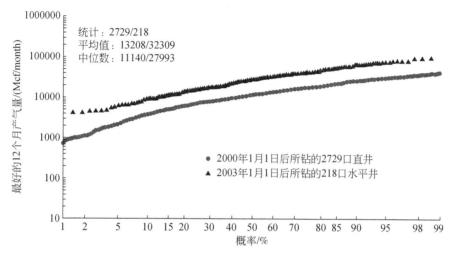

图 8.25　Barnett 页岩气直井和水平井的 12 个月累计产量（Frantz *et al.*，2005）

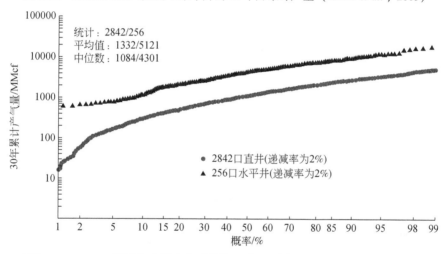

图 8.26　Barnett 页岩气直井和水平井的 30 年累计产量（Frantz *et al.*，2005）

8.4　页岩气压裂效果的数值模拟分析

8.4.1　数值模拟方法

利用气水两相流双重介质模型，考虑天然气解吸量随压力的变化关系，同时结合生产测井、微地震监测和测井等数据资料，进行生产历史拟合和产能预测。模型考虑天然裂缝中的气水两相渗流，需要输入天然裂缝间距，同时与人工压裂裂缝交互，这样才能准确描述气水两相流动规律。人工裂缝可考虑非达西渗流，基质内为单相气体非达西渗流。在模拟气水渗流时，压力首先在人工裂缝内下降，其次天然裂缝，最后是基质。因此，当气体由基质向裂缝流动时，基质内的压力下降，页岩气从基质中解吸出来。需要输入的基本数据有：基质渗透率和孔隙度、储层压力、天然裂缝孔隙度和渗透率、井距、水力压裂裂缝的参数、储层流体特征参数、Langmuir 解吸公式等。

该页岩气数值模拟模型在 20 世纪 90 年代已经开发出来，它广泛应用于美国的各个页岩气区块，积累了比较丰富的经验，同时也在不断改进，因此更加实用，成为页岩气开发的关键手段之一。通过对天然气量和产水量历史拟合后，可以对未来 30 年的生产动态进行预测。根据早期阶段的生产情况，通过数值模拟后，就能进行动态预测。数值模拟的程序如图 8.27 所示，它将压裂数据、试井、岩心测试、储层物理特征、解吸吸附实验等多方面相互结合，因此模拟结果比较可靠。

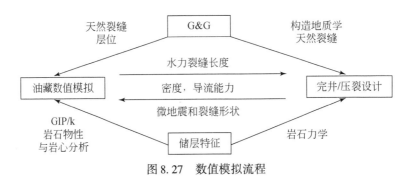

图 8.27　数值模拟流程

8.4.2　数值分析实例

Barnett 页岩气某口新井对产气和产水的历史拟合结果如图 8.28 所示。

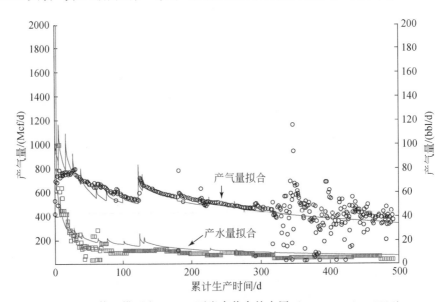

图 8.28　修正模型在 Barnett 页岩直井中的应用（Frantz *et al.*，2005）

对产量的历史拟合结果如图 8.29 所示。由于缺少产水数据，只进行了产气拟合，因此拟合结果比较一致，说明模型和基础数据均比较准确可靠。

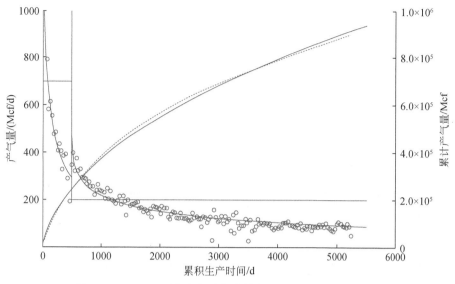

图 8.29   Barnett 页岩产气量拟合结果（Frantz *et al.*，2005）

根据表 8.5 中的数据，对 Barnett 页岩气中的气井进行数值模拟，模拟结果可以用来分析不同参数对气井产能动态的影响程度，并进行敏感性分析研究。

表 8.5   储层参数

储层压力	3750psi
基质孔隙度	4%
页岩厚度	300ft
解吸常数	VI = 88scf/t，PI = 440psi
裂缝导流能力	20ft · mD（500ft），其他为 2ft · mD
裂缝半长	500ft，1000ft，1500ft
基质渗透率	0.0001mD
天然裂缝渗透率	0.0001mD
天然裂缝孔隙度	0.1%
天然裂缝间距	20ft

基质渗透率在 0.0001 ~ 0.0005mD 变化，模拟基质渗透率对气井产能的影响，如图 8.30 所示。可以看到，基质渗透率对天然气产量和累计产量影响较大，这也说明基质渗透率的重要性。

通过数值模拟的手段，也可以分析解吸对产能的影响程度。根据是否考虑气体解吸，进行了两种情况下的数值模拟，如图 8.31 所示。解吸对产能的影响并不大，解吸量只是

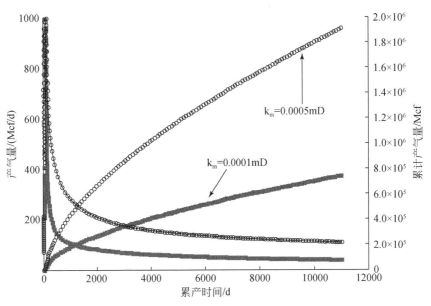

图 8.30　Barnett 页岩基质渗透率（Frantz *et al.*, 2005）

占据了总产量的 7% 左右。但是，这一结果并不代表整个 Barnett 页岩气区块的整体情况。另外，基质孔隙度是影响产量的关键因素，而对应的吸附解吸对产量的贡献并不大。

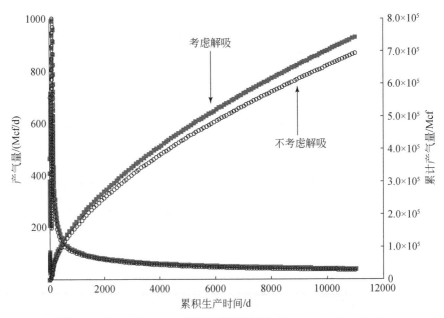

图 8.31　解吸在 Barnett 页岩中的作用不大（Frantz *et al.*, 2005）

8.5　页岩气压裂效果分析的其他方法

8.5.1　放射性示踪剂评价

在压裂井返排测试结束后，最好进行放射性示踪剂测井评价，以确定射孔段的压裂效果以及裂缝在各射孔段之间的延伸情况。图 8.32 中，向右箭头表示页岩气的射孔位置，向左箭头表示放射性示踪剂随支撑剂加入的位置。值得注意的是，在最下部的射孔段为塑性页岩，基本没有放射性示踪剂。这也表明脆性页岩相对于塑性页岩，更容易压裂。同时，在各个射孔段之间，裂缝延伸沟通较差，这也表明裂缝并不是垂直的，延伸方向可能存在一定的倾斜。

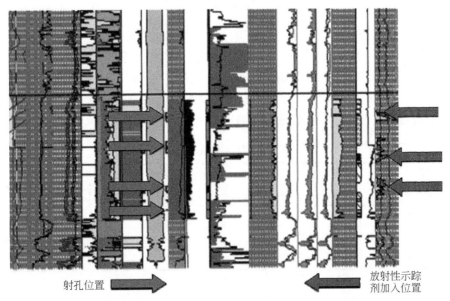

射孔位置　　　　　　　　　　　　　　　　放射性示踪剂加入位置

图 8.32　示踪剂测试结果（Kundert and Mullen, 2009）

8.5.2　生产测井

压后生产测井有助于发现哪些页岩段在产气以及各段对产量的贡献大小。如果能够将生产测井与示踪剂测试、微地震监测和页岩测井模型结合起来，那么对各段产气的差异情况会解释得比较准确。生产差异可能与有机质含量、页岩的脆性以及压裂所产生的裂缝形态等均有一定的关系，需要进行多方面的对比研究。

8.5.3　压后返排与试井相结合

页岩气压后生产效果分析时，主要使用页岩气产量数据，但也需要考虑返排水和产水数据。利用不稳定试井方法将两者结合起来分析，可以估计有效裂缝体积并能准确预测压后产能。图 8.33 反映了页岩气压后返排流程。

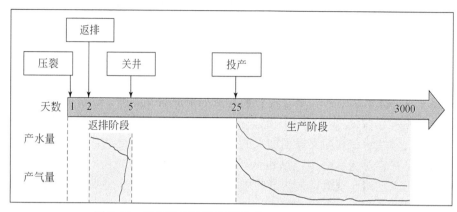

图 8.33　页岩气压后返排流程（Alkouh *et al.*，2014）

以 Fayetteville 页岩气区块的一口井为例，该井的基本数据见表 8.6。该井返排 12 天，关井 30 天，生产 4 年时间。压裂注入 72600 标准桶（STB）滑溜水。图 8.34（a）是该井在返排阶段的气水产量数据。在开始产气时，因管道连接问题，被迫关井。生产阶段的数据见图 8.34（b），在 100 天时出现了线性流向双线性流的过渡，这表明在天然裂缝中存在线性流，同时基质内也存在线性流的状态，但是以裂缝内的线性流为主。

表 8.6　FF-1 井基本数据

参数	数值	参数	数值
原始储层压力	1736psi	基质孔隙度	0.04
天然气比值	0.58	储层厚度	293ft
储层温度	118℉	注入水量	72600STB
裂缝条数	24		

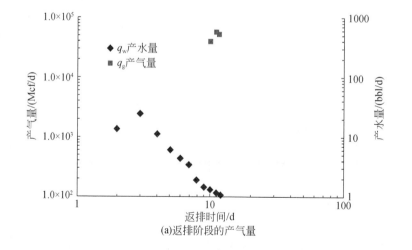

(a)返排阶段的产气量

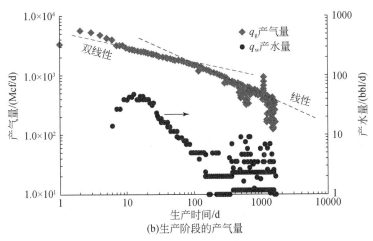

图 8.34　返排及生产阶段产气量（Alkouh *et al.*，2014）

在生产阶段，天然气产量与压差之比和时间的关系曲线如图 8.35 所示。图 8.35（b）的时间是物质平衡时间，存在双线性流和线性流的特征。这些特征曲线表明该井的双线性流持续时间较长。

返排数据在产气曲线和流动阶段的特征判断中非常重要，但在实际的生产数据处理时，往往忽略了返排阶段。在图 8.36 中，将返排数据和生产结合起来，发现产气量存在较大的偏差。双线性流的特征消失了，替代的是线性流，并且在开始阶段存在一个突起，后续的曲线比较正常。在关井 1 个月后，产气量较高。如果将返排数据与关井数据结合起来，就会消除一些误差，将能发现线性流的明显特征。如果将生产数据的第一个点作为第一天的生产数据，而不是 45 天（考虑返排和关井时间）的数据，就会将早期的线性流误认为双线性流。如果忽略返排阶段，物质平衡时间也会受到影响，因为在返排阶段的天然气产量是比较大的。实际上，如果要准确判断物质平衡时间，任何阶段的产气量都不应忽略（Alkouh *et al.*，2014）。

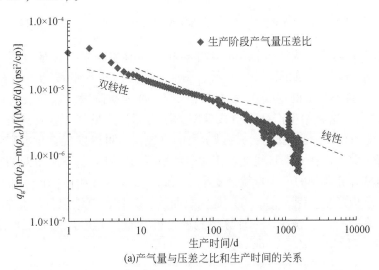

(a)产气量与压差之比和生产时间的关系

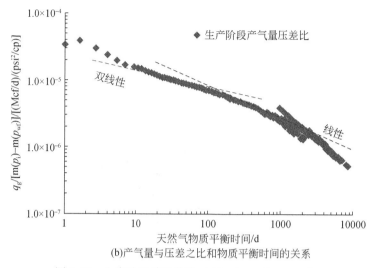

(b)产气量与压差之比和物质平衡时间的关系

图 8.35　生产阶段关系曲线 （Alkouh *et al.* , 2014）

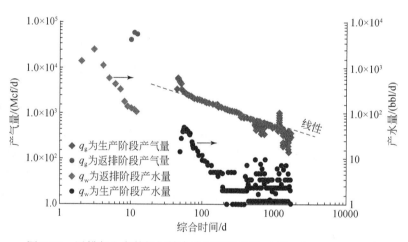

图 8.36　返排与生产数据相结合确定流动阶段 （Alkouh *et al.* , 2014）

　　同样，如果将返排和生产数据结合起来分析，也会发现对产水量与压力的比值和物质平衡时间关系的影响，如图 8.37 所示。图 8.37 （a） 中深蓝线为生产阶段的产水量与压力的比值，斜率为 1 的直线出现数据的末端。在返排阶段，这些数据却消失了大约 10 个产气量的点，这将给生产数据造成偏差，因为累计产量高会造成物质平衡时间变得较大。图 8.37 （a） 中的灰色曲线为返排阶段的产气量，可以发现它与生产阶段的产气曲线的斜率刚好一致，都在一条直线上。相对于利用下面的直线斜率所得到的计算结果，按这条直线的斜率计算得到的产水量就会变小。因此，如果返排阶段的产水量较高的话，在计算产水时，不应忽略。图 8.37 （b） 是导数曲线，具体计算结果见表 8.7。可看到，返排水量为注入量的 14%，按照这一计算得到的返排水量，大约有 96% 已经返排出来，这与 2STB/d 的产水量相一致 （Alkouh *et al.* , 2014）。

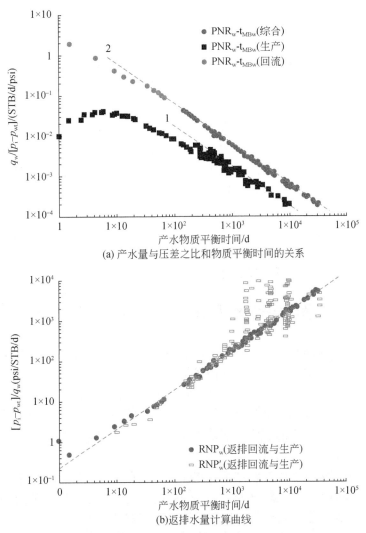

(a) 产水量与压差之比和物质平衡时间的关系

(b)返排水量计算曲线

图 8.37　生产阶段产水计算（Alkouh *et al.*，2014）

RNP_w 为压力归一化的产水压力；RNP'_w 为 RNP_w 的导数；t_{MBw} 为产水物质平衡时间

表 8.7　FF-1 井产水量计算结果

参数	结果
边界控制流动阶段的斜率 m_{pss}	0.158
天然气压缩因子 C_g	$6.15 \times 10^{-4} psi^{-1}$
计算产水量	10400STB
水的体积系数 B_w	1bbl/STB
累计产水量	10177STB

第9章　页岩气重复压裂技术

由于页岩气在经过初次压裂后会出现产量下降较快或压裂效果不好等情况，因此需要重复压裂，以获得更好的生产效果。直井重复压裂所采用的工艺技术与常规储层的重复压裂差别不大，主要区别为使用转向剂控制裂缝转向产生复杂的裂缝网络。在水平井重复压裂方面，初次压裂时分段较多造成重复压裂选井和选段的难度较大，同时在整个水平井段实现重复压裂的工艺控制技术也存在较大难度，因此页岩气水平井重复压裂时所面临的工艺技术等问题比较突出。

尽管国外公司进行过许多水平井重复压裂施工，但效果并不理想，仍处在试验研究阶段。本章主要介绍美国在页岩气重复压裂方面所进行的工作，如选井选段和施工工艺等，同时介绍所取得的成绩以及所面临的挑战等。

9.1　页岩气水平井重复压裂面临的难题

页岩气水平井重复压裂尚处于起步阶段。Devon 能源公司在重新压裂老的水平井方面取得了一定的成功，但对于成本的控制仍然是一个主要问题。各种试图控制成本的方法都是基于计算机数值模拟的结果，但是这种方式似乎没有什么效果。

重复压裂一般需要面临以下几个问题：一要落实压裂失败或产量较低的原因；二是确定压裂后仍有较大生产潜力的层位；三是压后储层的压力和应力变化及分布情况；四是在现有压裂层段的基础上，如何进行有效的重复压裂改造及配套工艺等（Barba，2009）。

另外就是重复压裂井下压裂管柱组合和配套工艺技术优化等。对于破裂压力较高的地层，实现重复压裂的工艺控制难度非常大。一般的工艺方法是套管内使用裸眼封隔器封隔已压裂或射孔段、封隔器与衬管结合以及下连续油管等开展重复压裂。

目前页岩气水平井重复压裂的最佳方案是基于以下两个方面确定的。第一个是控制成本，选择那些井筒完整性和密封性较好的井，水平井段相对较短，并且采用水泥固井的方式，通常需要有针对性的重新射孔后再进行重复压裂。生产时间比较久的井可能需要使用转向剂。第二个是根据储层地质储量计算后，确定采出程度较低的井。这些井需要重复压裂，但是也意味着这些井具有较高的储层压力，提高重复压裂成功的概率难度较大。另外就是要防止破坏性压裂，即重复压裂会干扰邻井，造成邻井减产或停产。

重复压裂设计的主要目的是在页岩气中的未动用部分产生裂缝，或者在初次压裂的每段之间产生新裂缝。一般需要泵注转向剂封堵已有的射孔孔眼，然后再射开新的孔段后进行压裂。转向剂能够在一定的时间和地层温度下逐步溶解，因此已被封堵的孔眼能够重新投产。

9.2　美国页岩气水平井重复压裂概况

生产测井分析表明，传统的完井设计，包括将射孔孔眼均匀分布在水平段上的设计，可能并不是非常规油气的最佳生产方式。生产测井表明约有 40% 的水平段射孔孔眼对油气产能没有作用。非常规油气井也表现出了初始产量快速衰减的情况。某些井第一年的产量衰减幅度高达 60% ~ 80% 。如果初始产量设计不合理或者未进行节流，后续产量的剧烈衰减将会对裂缝导流能力带来长期性伤害。

由于石油行业面临低油价和钻井数量减少等新的挑战，非常规油气资源开发进入到一个新阶段，这些都促使了一个新技术的到来——页岩气重复压裂技术。

2014 年斯伦贝谢公司组建了一个由水力压裂和油藏地层学方面的专家组成的重复压裂小组。该小组与开发 Eagle Ford 页岩的公司合作，对生产 1 ~ 4 年的老井进行重复压裂。Eagle Ford 具有极高重复压裂潜力的井有 400 余口，有较高重复压裂潜力的井 800 口。该团队的 5 个生产商在 Eagle Ford 开展了 15 口井重复压裂。

压裂裂缝转向技术能够实现对现有裂缝进行暂堵，并使压裂液和支撑剂转向新的未被压裂的储层岩石，如图 9.1 所示。

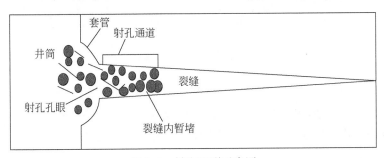

图 9.1　转向压裂示意图

重复压裂的典型施工过程如图 9.2 所示。

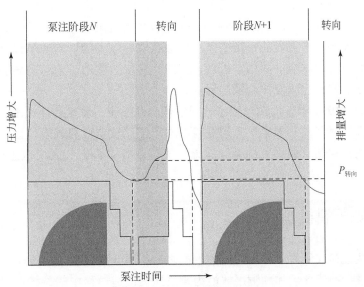

图 9.2　重复压裂的典型施工过程

重复压裂转向技术的应用使油气井的产量回到了初始产量的 60% 以上（图 9.3）。产量增长倍数由重复压裂 30 天前和重复压裂 30 天后的平均产量计算得到。由图 9.3 可知，重复压裂的效果较好，压后产量明显高于重复压裂之前的产量。

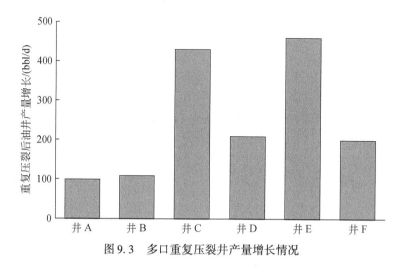

图 9.3　多口重复压裂井产量增长情况

重复压裂井产量数值模拟预测结果和经济效益预测结果显示，对合适的井采取适当的措施开展重复压裂，增加的产量不低于该井重复压裂前总产量的 20%；投资回报率在 30% 以上。这说明重复压裂可以提高最终采收率，延长井的生命周期。

9.3　美国页岩气水平井重复压裂技术

据美国天然气研究所的综合研究可知，重复压裂技术能够有效提高致密储层的产量，但是存在 85∶15 的规律，即重复压裂后有 15% 的井所贡献的增产量占总增产量的 85%。这说明重复压裂能否增产或者能否带来经济效益存在着较大的风险和不确定性，因此需要加强对重复压裂系统的研究，如增产机理、层段和井段的优选、地应力场的评价、剩余储量的分布以及压后产量递减规律与预测等。

在上述方面，1970 年美国在对致密砂岩气藏的开发中，就水力压裂增产技术进行了系统研究和大规模实际开发，积累了大量经验，取得了比较丰富的成果。针对页岩气的重复压裂，除了利用常规储层的重复压裂经验外，美国在各个页岩气区块也进行了积极探索，取得了一定成果。

9.3.1　重复压裂机理

页岩气在经过初次压裂和一段时间的生产之后，原地应力场已经发生改变，因此只有对现地应力场进行准确评价和预测，才能为重复压裂改造过程中的裂缝扩展和分布提供可靠的预测和模拟。重复压裂之前的地应力场分布如图 9.4 所示。

现地应力场主要受到两个方面的控制：一是力学影响，二是孔弹效应。初次压裂扩张

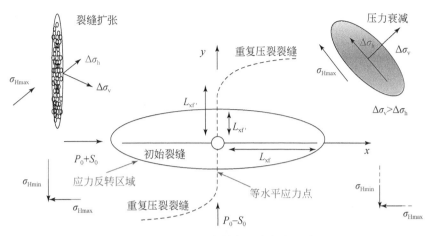

图 9.4　力学和孔弹效应造成应力反转

所产生的力学影响，即在垂直于裂缝张开的方向上所增加的应力要大于裂缝延伸方向上的附加应力。如果储层水平应力差较小，那么在压裂过程中所产生的应力增加有可能会造成地应力场的反转。也就是说，当垂直于裂缝张开方向上所增加的应力减去裂缝延伸方向上所增加的应力的差大于储层水平应力差时，会发生地应力场反转。地应力场反转会带来裂缝扩展和延伸方向的改变，使其与原有裂缝的延伸方位不一致，裂缝的延伸方位可能刚好垂直于原有方向。

孔弹效应也会带来地应力场的改变甚至反转。当储层生产一段时间之后，由于储层流体不断释放，储层孔隙压力降低。对于初次压裂所形成的裂缝来说，在平行于裂缝的方向上压力下降的幅度要大于裂缝垂直方向上的压力衰减幅度。这就会带来储层最大水平主应力的下降幅度要大于最小水平主应力的衰减幅度，从而会造成水平主应力的改变甚至反转。

在压裂改造过程中造成的应力反转，又称为应力阴影现象，表示在裂缝周围会出现应力场的局部改变。通过力学和孔弹效应的综合叠加作用，重复压裂之前的地应力场比较复杂，可能在初次压裂裂缝周围存在局部的应力反转现象。因此在进行重复压裂时，所产生的裂缝将不会沿着已有裂缝的方向延伸，而是垂直于已有裂缝的方位，这部分储层刚好是初次裂缝无法动用的部分。利用这一原理，重复压裂可以改造原有裂缝未动用的部分储层或区域，如图 9.5 所示。

9.3.2　初次压裂效果分析

在重复压裂之前，首先需要确定初次压裂后是否仍具有增产潜力或初次压裂失败的页岩气井。如果初次压裂所改造的页岩气体积比较充分，储层潜力已得到充分发挥，那么即使产量下降较大，那么仍不需要再次压裂。只有那些初次压裂后，储层潜力没有充分发挥作用的页岩气井，才能选做重复压裂井，并经过重复压裂后，进一步释放储层潜能，获得更好的经济效益。因此，需要结合页岩气的储层参数对初次压裂后的页岩气井生产效果和

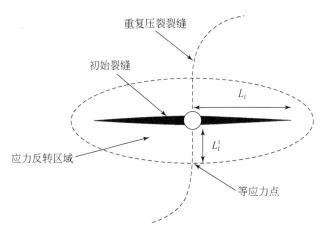

图9.5　应力反转区域与裂缝延伸方向

特征进行综合评价，以便选择合适的重复压裂井。通常采用生产特征曲线和模式识别或人工智能的方法进行优选评价。

页岩气井初次压裂效果没有达到理想效果或低于预期生产效果的主要原因有以下几方面。

（1）初次压裂效果不够好

在初次压裂过程中，任何问题都会导致所产生的裂缝网络体积较小，从而造成压裂效果低于预期。这些问题有压裂液量不足、支撑剂选择不当或压裂液对地层的伤害等。通常分段间距过大或砂堵会导致压裂过程的提前结束等，往往也会造成压裂效果较差。预期分段设计、实际分段和优化分段设计的对比情况如图9.6所示。由图9.6可知，只有实现段间的充分改造，才能真正形成裂缝网络，获得较大的改造体积和范围。通过微地震监测和压后实际产量的综合分析对比，也证实了上述认识，因此重复压裂就是要选择那些网络体积改造不够充分的井。

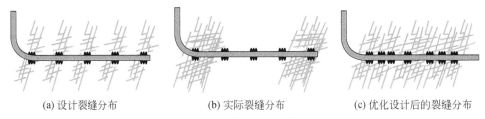

（a）设计裂缝分布　　　　　　（b）实际裂缝分布　　　　　（c）优化设计后的裂缝分布

图9.6　压裂设计不当造成效果不理想

压裂液量的设计不当也会造成压裂效果不够理想。根据实际的压后生产效果和压裂液之间关系的数据统计，可以找到在某一页岩气区块中，两者存在的关系如图9.7所示。这就为该区块今后的压裂液用量设计提供了比较准确的依据和参考，因为这些规律是基于实际数据统计结果得到的。

同样，对于压裂分段间距和分段数量等对压裂效果的影响，也可以从实际的数据统计得到。如果某一区块内，页岩气压裂水平井数量较多，那么可以建立压裂分段数据与生产

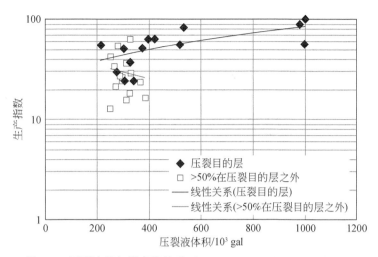

图 9.7 压裂液量与增产的关系 (Sinha and Ramakrishnan, 2011)

统计数据的数据库，利用相关数学模型进行数理分析，也能找到更为准确的关系。两者之间的简单统计关系如图 9.8 和图 9.9 所示。通过这些简单的统计关系，可以找到两者之间一些比较直观的关系，但并不能进行准确的定量化评价。

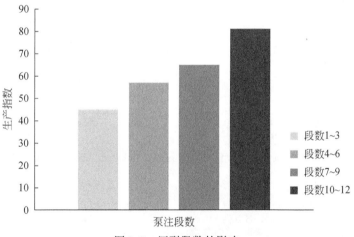

图 9.8 压裂段数的影响

水平井段长度对压裂后的产量也有一定影响，通过数据统计，也可以找到两者之间存在的关系，如图 9.10 和图 9.11 所示。只要某一页岩气区块的压裂数据足够多，就能发现压裂设计参数与生产效果之间存在的关系，由此可以建立相关的数学模型，并用于今后的压裂设计改进和优化。

（2）页岩气井方位设计不当

页岩气水平井的方位对于压裂效果的影响较大，这一认识已经得到广泛认可，但是页岩气地应力场的复杂性，使得准确设计水平井段穿越最有利的页岩气储层甜点区域的难度较大。如果对储层地应力场和储层含气特征认识不够准确，那么所设计的水平井段将不够合理，这就会导致压裂生产效果不理想，如图 9.12 所示。

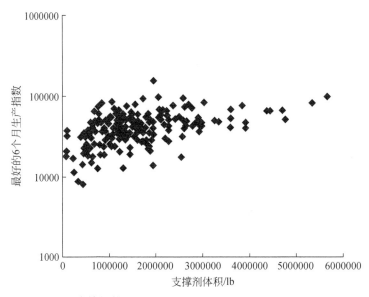

图 9.9　支撑剂数量的影响（Sinha and Ramakrishnan, 2011）

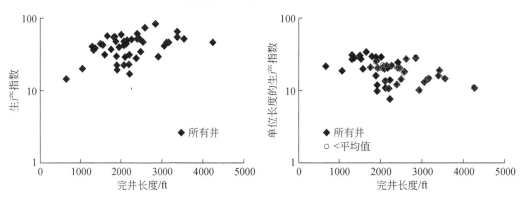

图 9.10　水平井段长度与产量之间的关系（Sinha and Ramakrishnan, 2011）

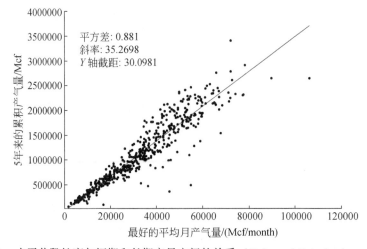

图 9.11　水平井段长度与短期和长期产量之间的关系（Sinha and Ramakrishnan, 2011）

图 9.12 水平井段方位设计不当

（3）储层伤害

初次压裂的裂缝导流能力由于支撑剂破碎或嵌入地层等影响，造成支撑裂缝的宽度变小甚至闭合等，使得裂缝导流能力不断下降，造成压后产量不断降低。当压后产量降低到某一程度后，压后产量不再具有经济效益，就需要考虑重复压裂。

（4）储层压力衰竭

页岩气天然裂缝或压后裂缝网络之间的干扰，使储层压力衰减比较快。当生产一段时间后，储层压力可能出现衰竭的现象，也会造成产量递减较大。

重复压裂选井需要考虑储层的增产潜力、造成初次压裂效果不好的原因以及储层物理特征和应力场变化等因素，在综合分析的基础上，最终选择最具有增产潜力的页岩气井来作为压裂对象，才能获得比较好的重复压裂效果。

9.3.3 重复压裂选井选段

由于重复压裂存在的 85：15 规律，这就要求在重复压裂之前，需进行严格的选井选段工作。通常的方法是对实际的压后生产井进行效果分析和生产情况统计，这在常规储层中比较常用。但是对于页岩气来说，由于其自身的储层特征和应力场等非均质性非常严重，需要有针对性的方法，如结合页岩气储层地质模型和力学模型，进行统一分析，如图 9.13 所示。

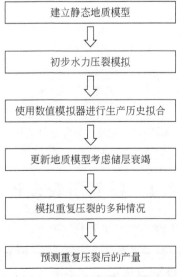

图 9.13 重复压裂模型工作流程

　　图 9.14 是利用 Barnett 页岩区块中的 54 口井数据，选择重复压裂井的情况。由图 9.14可知，图中左上区间内的页岩气井是需要重复压裂的首选井，压后效果会比较好。

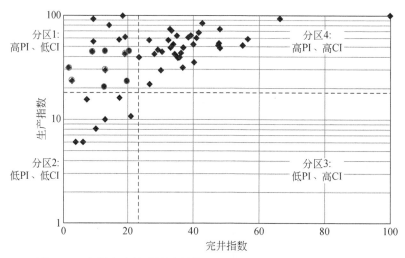

图 9.14　象限法选择重复压裂井（Sinha and Ramakrishnan，2011）

　　对于页岩气中需要重复压裂的井，其选择流程如图 9.15 所示。根据分段压裂产量的差异情况，确定出哪些段的射孔孔眼连通性较好，哪些较差，以及确定孔眼与裂缝网络之间的沟通情况，最终确定出需要补孔或重复压裂的段。

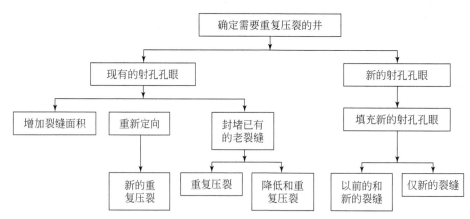

图 9.15　重复压裂井选择流程

9.4　重复压裂设计

　　重复压裂的参数和规模设计对压后效果有较大影响，通过数值模拟的手段，可以分别模拟裂缝间距、基质渗透率、裂缝导流能力、裂缝方位和重复压裂位置等参数对产量和最终采收率的影响。结果表明在渗透率较高（大于 1.0mD）的层位压裂，其效果和经济效益并不比在渗透率较低（小于 1.0mD）的层位。簇间距在 60 ~ 80ft 及以下时，重复压裂也不能取得较好的效果。重复压裂时如果能够造成裂缝转向，那么压裂效果会比较好。同时，重复压裂时机的选择也对压裂效果影响较大。

利用有限差分模型，研究页岩气与裂缝之间的渗流情况。在生产时间较短时，裂缝为不稳定渗流，压力降落范围较小。在数值模拟中，要首先确定不稳定渗流的时间。在页岩气中水平井与横向垂直裂缝之间的模型如图 9.16 所示，在储层中存在不同程度的裂缝网络，其大小和密度分布等可以在数值模拟计算中进行假设（Jayakumar et al.，2013）。

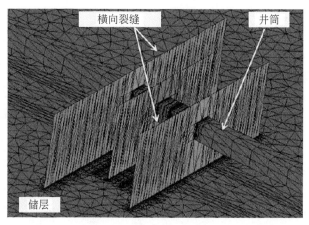

图 9.16　有限差分模型（Jayakumar et al.，2013）

在进行数值模拟计算时，假设裂缝间距范围为 30 ~ 500ft，基质渗透率为 10nD 至 1mD，水平井段长度为 5000ft。数值模拟结果以重复压裂后 5 年的产量为目标进行对比分析，以确定重复压裂设计的有关参数。

在利用已有射孔孔眼进行重复压裂时，假设重复压裂的改造面积体积要大于初次压裂所获得的改造体积，增加的改造体积为初次压裂体积的一半，如图 9.17 所示虚线表示的是重复压裂后的改造面积，虚线是初次压裂的改造面积。

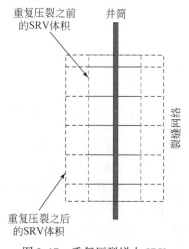

图 9.17　重复压裂增大 SRV

在此基础上进行数值模拟，得到的结果，如图 9.18。可看出，对于渗透率为 10nD 的情况，最终得到 NPV 要远高于 10mD 时的储层，这也表明裂缝改造体积对于页岩气储层的重要性，而对于渗透率较高的储层，压裂改造体积对产量的影响相对较小。在纳米级的储层中，如果重复压裂所增加的改造体积是初次压裂改造体积的 50%，那么累计产量将能增加 30%～40%。对于渗透率较高的储层，初次压裂后，其储层压力下降较快。因此，重复压裂时机的选择对增产效果也有较大的影响。如果生产时间较长，储层压力下降幅度较大，那么再进行重复压裂，可能没有经济效益。

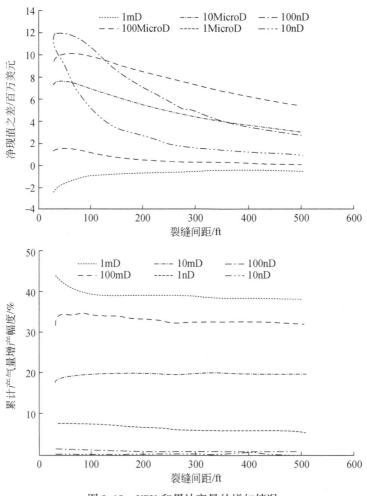

图 9.18　NPV 和累计产量的增加情况

由于受初次压裂和孔弹效应的影响，在进行重复压裂时，地应力场已经发生改变，因此有可能出现裂缝不同程度的转向甚至反转。在数值模拟时，假设重复压裂裂缝的方位与初次压裂裂缝的夹角为 45°，出现了一定的转向，如图 9.19 所示。

数值模拟重复压裂 20 年后，所获得的 NPV 和累积产气量的对比情况如图 9.20 所示。当渗透率在 10～100nD、裂缝间距大于 150ft 时，NPV 为正；在多数情况下，NPV 为负。当储层渗透率为 100nD 时，如图 9.21 所示。在此情况下，重复压裂所增加的改造体积仍

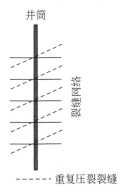

图 9.19 重复压裂过程中产生裂缝转向

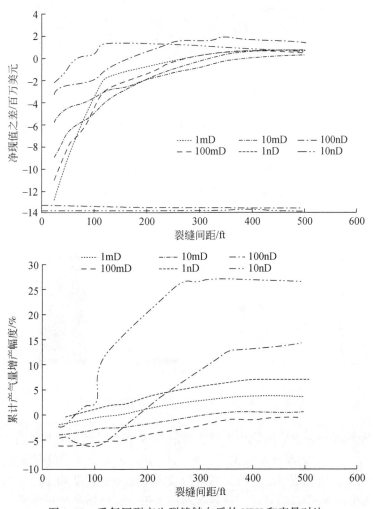

图 9.20 重复压裂产生裂缝转向后的 NPV 和产量对比

十分有限，因此，产量增加较小。图 9.21 中虚线表示重复压裂后的裂缝与储层的接触面积，5 年后只有在水平井段的前段和后段所对应的裂缝与未动用储层的接触面积才有所增加。这说明，对于渗透率较高的储层，要避免重复压裂，这是因为即使重复压裂过程中出现裂缝转向，也很难获得较好的效果。

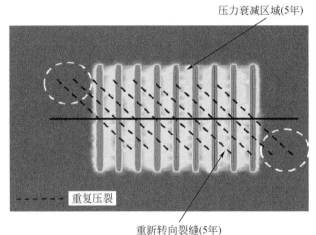

图 9.21　重复压裂 5 年后的压力衰减

如果压裂裂缝的导流能力较低，这相当于在页岩气存在一定的表皮，导致渗流能力较低。裂缝导流能力较低可能是由于支撑剂分布不均而出现不同程度的闭合、支撑剂嵌入或者支撑剂的堵塞等造成。可以看出，导流能力对产量的影响是比较大的。这时候进行重复压裂，就能解除导流能力较低造成的表皮现象，进而提高支撑裂缝的渗透能力（图 9.22），起到提高产量的作用。

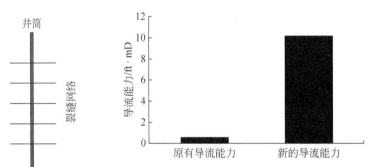

图 9.22　裂缝导流能力对重复压裂效果的影响

重复压裂能够提高裂缝导流能力，所获得的 NPV 和累计产量对比情况如图 9.23 所示。由图 9.23 可知，在所有的渗透率和裂缝间距情况中，只要提高裂缝导流能力，都能获得比较好的生产效果，这说明裂缝导流能力对压裂效果的重要程度和作用。如果裂缝导流能力提高两个数量级，所带来的累计产量就会增加 3 倍。通过增产分析结果，可以认为初次压裂效果较差是因为支撑裂缝导流能力较低的原因时，可以进行重复压裂来提高裂缝的导流能力，此时，获得的压裂效果将比较好。

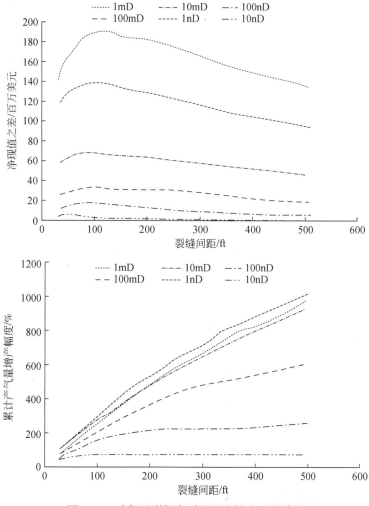

图 9.23　重复压裂提高裂缝导流能力后的效果

在初次压裂后，要封堵原有射孔孔眼，进行重新射孔后再采取重复压裂（图 9.24）。

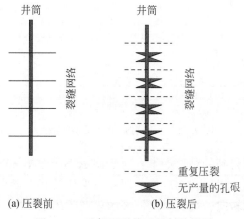

图 9.24　重复压裂前后的射孔情况

图 9.24 （b）是封堵原有孔眼后进行重复压裂的示意图。这时重复压裂后的产量主要由新的射孔孔眼所贡献，因为重复压裂的改造所形成的裂缝是通过现有孔眼与井筒沟通的，这也意味着页岩气是从重复压裂后的裂缝网络进入井筒的。

假设储层渗透率为 10nD、1.0mD 和 10mD，对上述情况进行数值模拟，结果如图 9.25 所示。对于 10nD、1.0mD 两种渗透率，当裂缝间距大于 150ft 时，重复压裂的 NPV 较高。与此相反，当裂缝间距小于 150ft 时，重复压裂的 NPV 为负值。这就说明，对于渗透率较低的储层，其裂缝间距比较大，在形成裂缝网络的前提下页岩气的泄流体积较大，压降下降速度较慢，就能保证页岩气的稳产高产。重复压裂前后的储层压力变化情况，如图 9.26 所示。

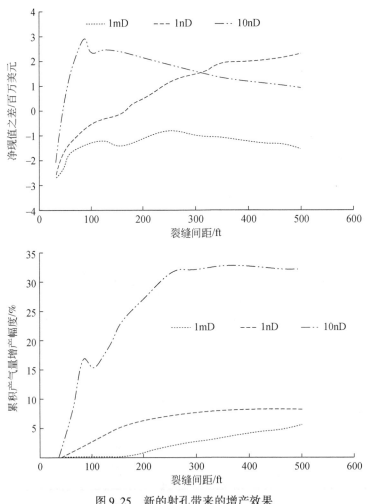

图 9.25　新的射孔带来的增产效果

综合上述介绍，最后得到的结论如下：对于渗透率小于 10mD 的储层，通过重复压裂增大改造体积，能够提高页岩气井的产量，压裂效果比较好。如果重复压裂不能增大储层改造体积，即使裂缝出现转向，那么重复压裂的增产效果也不好。对所有的储层来说，如

--------- 重复压裂

(a) 重复压裂前　　　　　　　　　(b) 重复压裂后

图 9.26　压力下降情况对比

渗透率为 10nD

果产量较低原因是初次压裂的裂缝导流能力较低时，那么通过重复压裂提高支撑裂缝的导流能力，可以明显提高页岩气井的产量。对于渗透率低于 10mD 的储层，通过加密射孔或重新射孔后，进行重复压裂，都能增加页岩气井的产量。

9.5　重复压裂工艺技术

水平井重复压裂工艺技术包括两部分：一是井筒内的分段压裂工艺，二是地层内裂缝转向工艺技术。在井筒内如何实现分段压裂，可以参照常规储层的水平井分段压裂工艺技术，如机械封隔、拖动管柱的双封单卡、水力喷砂等。页岩气水平井重复压裂有其特殊性，那就是在初次压裂时往往使用套管压裂的方式，压裂后套管可能发生一定程度的变形或者部分井段存在杂物，这造成套管内径变小，因此对重复压裂所要下入的井下工具的尺寸会有较大的限制，增大了压裂施工的风险。

在重复压裂的井下工具方面，前期压裂造成井筒内壁遗留残物，内径降低，限制了重复压裂的工具尺寸。Interra Energy Service 公司是目前提供重复压裂工具的公司之一，开发的工具 AccuStim 如图 9.27 所示。尺寸有 5.5in、4.5in、3.5in 等投球坐封系列，抗压达 10000psi，最高使用温度为 450℉，但施工风险很大。

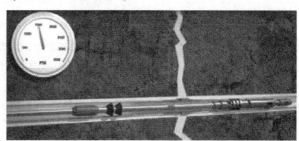

图 9.27　重复压裂井下工具 AccuStim（Jayakumar *et al.*，2013）

除了上述井下工具抗压和尺寸的难题之外，水平井重复压裂的关键工艺技术是保证裂缝在缝口和地层内发生转向。BP 在 Woodford 页岩气区块选择 5 口井做重复压裂试验（转向造新缝或者老缝多加砂），利用了连续管射孔，分投球（施工难度大）、投 rubber-橡胶涂层尼龙转向球密封器封堵原来的射孔段（每段投 30 ~ 50 个）、可生物降解球（用化学溶剂可溶解，避免卡管柱）。目前，重复压裂所用的暂堵剂见表 9.1。

表 9.1 重复压裂所用的暂堵剂

特殊的转向剂	方法	优点	缺点
岩盐	使用岩盐隔离压裂段之间的孔眼	低成本，允许连续泵送，可用于未知几何形状的射孔/裂缝	缺乏对射孔孔眼处理顺序的控制。封堵剖面难以控制。需要饱和盐水驱替液。通常需要使用连续油管除去不溶解的盐
孔眼密封球	使用孔眼密封球来隔离压裂段之间的射孔孔眼	低成本，允许连续泵送，桥堵射孔孔眼，通过返排循环出暂堵球	缺乏对射孔孔眼处理顺序的控制。当支撑剂通过时会冲蚀。如果射孔孔眼是非圆形的，不会完全密封。停泵时可以从孔眼移开。受温度限制
可降解环保的转向颗粒	使用 EFSRDP 来隔离压裂段之间的孔眼	低成本，允许连续泵送，可用于未知形状的孔眼，可预测封堵剖面，环保	缺乏对射孔孔眼处理顺序的控制。受温度限制

页岩气重复压裂技术还处在初期，相关技术仍处在试验中，但页岩气重复压裂的市场很大。美国和加拿大有许多井要重复压裂，相信随着各个公司对页岩气重复压裂技术的不断研发和实践经验的丰富，重复压裂技术给页岩气的后期开发会带来一个新的发展机遇。

9.6 重复压裂技术实例

美国的几个页岩气区块开发较早，积累了较为丰富的实际压裂经验，本书针对重复压裂的应用和效果等，做简单介绍。

9.6.1 Devon 能源公司重复压裂实例

Devon 能源公司在 Barnett 页岩已经对 900 多口直井进行了重复压裂，目前开始逐步将研究重心转移到水平井重复压裂技术上。2008 年以来，该公司已经完成对 13 口水平井的重复压裂施工，13 口井中，有 9 口是未固井的套管井，其余 4 口采取套管固井方式，具体见表 9.2。对于水平井重复压裂，需要根据一定的标准进行筛选，并进行重复压裂优化设计，这样才能保证获得较好的压裂效果和经济效益。

表 9.2 13 口井的重复压裂统计情况

井号	年份	重复压裂方法	固井方式	长度/ft	产量差/Bcf	成本/百万美元
1H	2011 年	挤水泥和重新射孔	水泥固井	3262	3.2	0.8

续表

井号	年份	重复压裂方法	固井方式	长度/ft	产量差/Bcf	成本/百万美元
2H	2008 年	转向剂	未水泥固井	3505	1.3	1.2
3H	2010 年	转向剂	未水泥固井	2079	1.0	1.2
4H	2011 年	挤水泥和重新射孔	水泥固井	2846	1.0	0.6
5H	2007 年	转向剂	未水泥固井	2206	0.9	1.0
6H	2008 年	转向剂	未水泥固井	1603	0.8	0.8
7H	2010 年	转向剂	未水泥固井	1003	0.6	0.4
8H	2008 年	转向剂和补孔	水泥固井	2413	0.6	1.1
9H	2011 年	挤水泥和重新射孔	水泥固井	1802	0.5	0.7
10H	2008 年	无控制-只是泵注	未水泥固井	1204	0.5	0.5
11H	2008 年	转向剂	水泥固井	1754	0.4	0.7
12H	2008 年	转向剂	未水泥固井	1204	0.4	0.8
13H	2010 年	可膨胀套管	未水泥固井	2797	−0.4	1.5
		平均		2129	0.8	0.9

重复压裂主要在射孔簇间距为 400 ~ 450ft 的段采用转向剂控制压裂裂缝的延伸。重复压裂过程中，实时采取微地震裂缝监测，了解裂缝转向延伸情况。转向剂成本较高，需要筛选合适的页岩气井。选井的要求较高，需要进行生产历史拟合、地应力预测和压后效果评价等多种综合手段，最终才能优选出较为合适的井，否则，很难保证获取较好的经济效益。

上述 13 口井在重复压裂后，其产量的统计情况如图 9.28 所示。由图 9.28 可知，重复压裂后的初期，平均产量增产幅度为 0.6MMcf/d，一年后的平均产量增产幅度为 0.2MMcf/d，增产效果还可以，也意味着重复压裂增大了储层动用体积和范围。

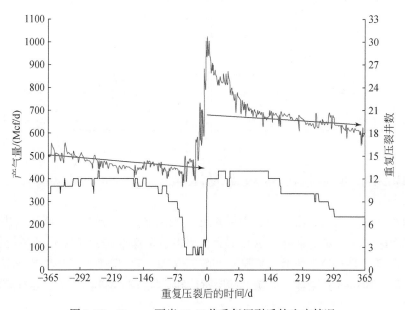

图 9.28　Barnett 页岩 13 口井重复压裂后的生产情况

13 口井的初次压裂与重复压裂的施工参数对比情况见表 9.3。从 13 口井的平均参数来看，压裂段数和射孔簇数、加砂量等都增加了，排量和压裂液量有所降低。

表 9.3　13 口井的初次压裂与重复压裂的施工参数对比情况

井号	年份	完井/重复压裂方法	GPI/ft	压裂段数	射孔簇数	压裂液量/10³bbl	砂量/10³lb	排量/bpm
1H	2003 年	水泥固井+裸眼优选	2862	3	4	124	647	100~120
	2011 年	挤水泥和重新射孔	3262	2	10	85	734	80~100
2H	2003 年	未水泥固井	3505	1	8	113	1000	200
	2008 年	转向剂	3505	9	8	97	1810	120
3H	2003 年	未水泥固井	1604	1	5	84	242	115
	2010 年	转向剂	2079	2	5	60	1044	80
4H	2006 年	水泥固井	2374	3	7	54	856	75~95
	2011 年	挤水泥和重新射孔	2846	2	9	76	655	80
5H	2003 年	未水泥固井	2206	1	5	100	855	135
	2007 年	转向剂	2206	8	9	61	1606	100
6H	2004 年	未水泥固井	1603	1	5	77	400	125
	2008 年	转向剂	1603	4	6	95	1286	120
7H	2006 年	未水泥固井	701	1	3	33	520	100
	2010 年	挤水泥和重新射孔	1003	3	7	41	351	80
8H	2003 年	水泥固井	2019	2	3	101	693	90~115
	2008 年	转向剂和补孔	2413	3	7	73	1260	105
9H	2006 年	未水泥固井	1652	2	4	55	916	80
	2011 年	挤水泥和重新射孔	1802	3	8	46	361	65~80
10H	2004 年	未水泥固井	1204	1	4	24	330	100
	2008 年	无控制-只泵注	1204	1	4	48	1000	120
11H	2005 年	水泥固井	1754	2	6	58	624	90~110
	2008 年	转向剂	1754	3	7	73	1260	105
12H	2004 年	未水泥固井	1204	1	4	32	280	110
	2008 年	转向剂	1204	2	6	53	1113	95
13H	2004 年	未水泥固井	2707	2	7	121	1217	120~135
	2010 年	可膨胀套管	2797	3	8	81	1316	80
平均			1954	2	5	75	660	115
			2129	3	7	68	1061	96

9.6.2　Barnett 页岩核心区块重复压裂

通过调查 Barnett 页岩核心区块已压裂的几千口生产井中，选出了 200 多口井作为重复压裂的候选井。这些井主要是直井，也有部分水平井，分布在得克萨斯州的塔伦特、约翰逊（Johnson）、丹顿（Deton）、怀斯（Wise）和帕克（Parker）等地，具体的情况见表 9.4。这些井基本上都在 Barnett 页岩核心区块，储层特征和含气分布等相差不大，这样就能保证数据分析结果的可靠性。

表 9.4　**Barnett 各地区每月的平均生产井数量**

地区 年份	博斯克（Bosque）	丹顿（Deton）	伊拉斯（Erath）	希尔（Hill）	胡德（Hood）	杰克（Jack）	约翰逊（Johnson）	帕洛平托（Palopinto）	帕克（Parker）	萨默维尔（Somervell）	塔伦特（Tarrant）	怀斯（Wise）
2010 年	5	2567	137	221	605	148	2754	126	974	68	2574	2265
2011 年	3	2679	137	230	636	152	3044	142	1020	94	3061	2480
2012 年	1	2727	132	228	661	158	3161	143	1049	96	3373	2558

2002～2012 年，Barnett 页岩气的这些核心区域中每年重复压裂的井数在最初的几年较少，但在 2010～2011 年这两年，数量直线上升，如图 9.29 所示。

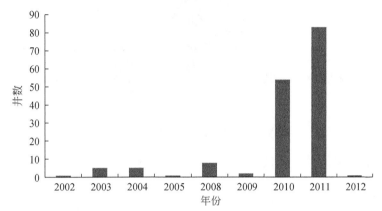

图 9.29　2002～2012 年中每年重复压裂的井数

重复压裂前后的单井平均产量变化情况如图 9.30 所示。通过压后 6 个月的累计产量对比，可以判断重复压裂之后，累计产量增加幅度较大，能够恢复到初次压裂后 6 个月的累计产量的 50%～70% 及以上，说明重复压裂效果较好。

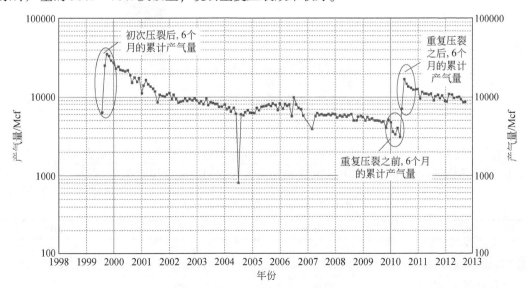

图 9.30　重复压裂前后单井产量的变化

　　从 200 多口井中，选出了资料数据较全的 79 口井，通过数据挖掘技术，分析重复压裂前后的施工参数以及重复压裂后产量的影响因素等，以便确定控制产量的主要因素。

　　初次压裂时，使用滑溜水压裂液，其排量范围，如图 9.31 所示。

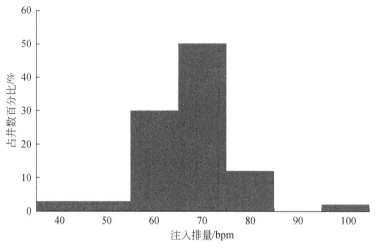

图 9.31　初始压裂时注入排量直方图

　　重复压裂时，仍旧使用滑溜水压裂液，其排量范围，如图 9.32 所示。

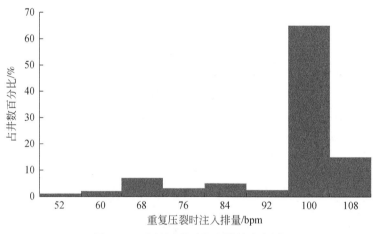

图 9.32　重复压裂时注入排量直方图

　　重复压裂前后所使用的支撑剂用量、压裂液量和前置液量的对比情况见表 9.5。由表 9.5 可知，支撑剂量和总液量在重复压裂时均增加较多，而前置液量却明显减少。

表 9.5　初始与重复压裂参数对比

项目	初次压裂	重复压裂	比率
平均支撑剂量/lb	138326	204666	148
平均压裂液量/bbl	15374	30414	198
平均前置液量/bbl	9500	1500	16

重复压裂前后所使用的支撑剂类型和大小，如图9.33所示。初次压裂主要使用20～40目和40～70目的支撑剂，而在重复压裂时主要使用100目的支撑剂（图9.34），说明重复压裂改造以形成微裂缝为主要目的。

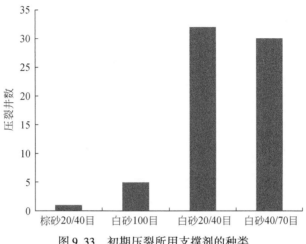

图9.33　初期压裂所用支撑剂的种类

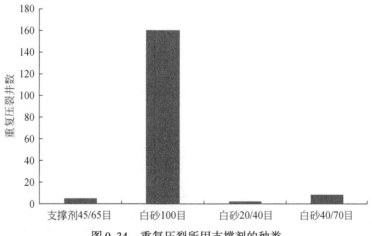

图9.34　重复压裂所用支撑剂的种类

最后，通过对比重复压裂前后的产量变化、天然裂缝的影响以及不同时间段的累计产量和递减规律等，得到了以下认识。

1）在所有参数中，注入排量对压后初期产量影响最大。

2）初次压裂的施工排量为50～60bpm，重复压裂时排量需要提高到100bpm，是初次排量的两倍。

3）初次压裂支撑剂目数为20/40目或40/70目，重复压裂多用100目砂。

4）重复压裂加砂量为初次压裂的1.48倍，同时重复压裂时的液量为初次压裂的两倍左右。

5）200口井的重复压裂结果表明，多数井重复压裂后，其产量达到初次压裂产量的

50% ~70% ，只有极少数井重复压裂后的产量超过初次压裂的产量。

6）通过对比重复压裂后产量和递减曲线，可以发现，存在一个最佳的重复压裂时间。如果距离初次压裂的时间较长，重复压裂的效果会较差。

7）无论是初次压裂还是重复压裂，压后产量均与加砂量、停泵压力、压裂液用量和施工压力等有密切关系。

第10章 压裂返排液处理与环保问题

页岩气水力压裂施工规模非常大,动辄需要上万方的水,这给水的供应带来很大的问题。同时,虽然大量的水被压入地层,但压后返排比例不高,这可能造成地层不同程度的污染。本章主要介绍美国是如何解决上述问题的,其中既有政策法律方面的要求,也有具体的解决方法等。张东晓和杨婷云(2015)、张建良和黄德林(2015)等对此进行了报道和研究。

10.1 水源及返排液处理概况

页岩气大规模的水力压裂改造会带来关于水的两个方面的问题:一是水的来源;二是返排液的处理。压裂使用的水可以来自地表水源(如河流、湖泊或海洋)、当地水井(从浅层或深部含水层中取水以及已有的专门供生产作业的水井)或者更远的水源地(这通常需要货车运输)。将水从水源地运往施工现场以及将废水从施工现场运往处置地点都是一项大工程。

在水资源缺乏地区,取水用于钻井和水力压裂(包括煤层气生产中的排水)都会产生大范围和严重的环境影响。地下水位下降不仅会影响生物多样性,破坏当地生态环境,还会减少当地居民的用水供应,影响诸如农业等部门的生产活动。

水力压裂结束后,一旦压力释放,流体就会通过井口返回地面(通常称为返排液)。返排液不仅包括压裂液中一些专用的化学物质,还可能包含储层中天然存在的一些化合物,如烃类、盐、矿物以及天然放射性矿物。这些物质从页岩中淋溶进入返排液,或者是因压裂液与地层中已有的卤水(盐水)混合而进入返排液。返排液的化学成分因地层不同和完井后的时间不同而相差很大。早期返排液的成分类似于压裂液,而后期返排液的组分更接近于地层水。

在很多情况下,返排液可以在随后的压裂作业中再次使用,不过这取决于返排液的质量以及其他处理方案的经济性。不会再次使用的返排液需进行处置。过去的处置方法有倾倒进地表水体或送入废水处理厂进行沉淀处理,而现在需要按照美国国家环境保护局的要求即"二类注水井"回注。这些回注井将返排液注入地下与饮用水隔离的地层中。

页岩气盆地的特征各不相同,各自都有其独特的勘探技术标准和作业方面的挑战。由于存在这样的差异性,页岩气资源开发都会对各自当地的社区和生态系统产生不同的影响。例如,安特里姆页岩和新奥尔巴尼页岩的埋藏都比较浅,与其他页岩气区带相比,这里采出的地层水量较多。

Marcellus 页岩气区块 2/3 以上的页岩气井已经实现返排液处理后循环再利用。美国各州对压裂返排液处理的要求各不相同。例如,2011 年 5 月宾夕法尼亚州环境保护要求公共水处理工厂停止处理来自 Marcellus 页岩气井的压裂返排液,但得克萨斯州的要求却没有这么严格。美国环境保护署也已经下发文件，要求各州对油气污水应采取严格的监管。

10.2 水处理技术

10.2.1 水处理的方法

在宾夕法尼亚州西南部的 Marcellus 页岩气产区，Range 资源公司一般将 8 口页岩气井通过管线连接到同一个水处理池，利用可移动的处理设备就近处理（图 10.1），这样节省了大量运输成本，从而使得水处理的成本大大降低。这也是该州水处理得以普遍推广的原因。

图 10.1 多口页岩气井的返排液汇聚到水池进行集中处理

在宾夕法尼亚州东北部，Range 资源公司没有采取上述方法，而是利用蒸馏的方式处理返排液。这是由犹他州立大学开发的一套水处理技术，利用蒸汽压缩的方式，通过充分利用废液的热能来降低水处理的成本。由于每口井的返排液中的杂质和化学药剂含量并不相同，每吨水处理的成本为 3.5~7.5 美元（Rassenfoss，2011）。

在 Marcellus 页岩气区块一个日处理能力为 1×10^6 gal 的水处理厂产生的固体废物约为 400t，处理水量仅仅是一口页岩气井的压裂返排液量（图 10.2）。由此可见，页岩气压裂返排液处理量很大，如果不处理会对环境造成严重的危害。

10.2.2 水处理的要求

水处理的目标并不只是达到饮用水的标准，而是能够循环再利用，用来配制压裂液，继续使用。不同的作业方对于水处理后达到的标准并不统一，要求也各不相同。有人认为需要严格控制水处理后的锶、钡、硫化物和铁离子等的含量，因为如果这些物质含量较高会产生沉淀，堵塞孔隙或裂缝，影响页岩气井生产。水处理后的指标主要取决于作业方能否配制压裂液，比如有的作业方需要清水才能配制压裂液，而有的是只要有水就能配制压

图 10.2　Purestream 的 Trilogy 设备利用蒸汽压缩技术，产生水蒸气和固体废弃物

裂液，而不管是什么类型的水。压裂返排液处理后，有的公司直接用来配制压裂液，也有的公司掺入清水后，再配制压裂液。

在水处理过程中，需要经常检测化验进行水样分析。这是因为压后返排液相对于压裂两周后的产水，其水质相差较大。另外，不同区块的单井返排液水质也差别较大，如宾夕法尼亚州西南部的页岩气井，压后返排液钡的含量为 3000mg/L，而在宾夕法尼亚州东北部，钡的含量高达 17000mg/L。由此所带来的处理难度和工艺方式并不相同（Rassenfoss，2011）。

哈里伯顿公司开发出一套清洁水处理设备，它能够将返排液处理成饮用水的标准。该设备主要通过电絮凝的原理，将水中极细小的固体颗粒（如黏土、铁离子和碳氢化合物等）沉淀下来，且较重的物质沉淀在底部。另外在水中通过产生气泡的方式，将较轻的物质悬浮到液面，从而除去较轻的物质。如果水中含有金属重离子，还需要进行特殊处理，才能达到饮用标准。

压裂液返排水回流到地面后，可能会渗滤到地下土壤或者进入河流湖泊等地表水中造成环境污染。加拿大阿尔伯特（Albert）地区的浅层天然气藏压裂，有大量的压裂液返排出地面，给当地环保带来了问题。另外，由于当地较干旱，缺水严重，需要对返排的压裂液进行处理以便进行循环再利用，解决用水的问题。

常用的水处理方法如下：首先，压裂液返排到地面后进入标准储罐，应至少保证沉淀 24h，以便固体颗粒沉降到底部，碳氢化合物漂浮在顶部。然后，打开排液阀，该阀在距离储罐底部之上约 1m 的位置，将液体过滤后泵入另外一个储液罐。值得注意的是，要观察液面的高度，防止液面上部的碳氢化合物进入干净的储液罐。最后，在储液罐顶部注入清水，与返排液掺在一起，准备重新配液。目前掺入清水的比例为 70%，实际上，如果能够对返排液的质量控制较好的话，清水的比例可以降到 50%~60%。

页岩气井分段压裂作业需要大量水资源，其每段压裂所需的水一般都会超过 1000m³，通常一口页岩气井的压裂用水量都在 1000m³ 以上。压裂后，一般会有超过 35% 左右的压裂液和地层水返排至地面，返排液的量也非常大。因此，包括取水方法、返排液处理以及再应用等在内的页岩气开发水资源管理技术水平对页岩气能否经济有效地开发是至关重要的。

水力压裂完成后，当解除泵压时，混有地层水的水基压裂液将沿着钻井筒回到井口的位置。这类返排水可能包含地层中所含有的可溶解物质成分。这些可溶解的成分在自然界中形成，随着页岩气组合的不同而变化，有时甚至在同一个页岩气区域，可溶解物质的种类也有差异。通常，大部分压裂液可以在几小时或者几周内排放完毕。但在许多盆地和页岩勘探地区，返排水的体积占原始压裂液体积的百分比从不到30%到高于70%。甚至有些情况下，返排水中压裂液的回流在页岩气生产进行后仍持续几个月。

新的水处理技术和已有技术的新应用正在不断发展中，它们可用于处理页岩气开发过程中的返排水。处理后的水可以作为水力压裂中的补给水、灌溉水甚至在某些情况下可以作为饮用水。返排液的回收利用或者重新使用能够减少水资源的需求量，并且为旱灾或干旱地区提供额外的水资源。这说明与天然气生产有关的返排液可以作为自身用水的一个潜在来源。

虽然挑战仍然存在，但进步仍在不断进行。新技术和旧技术的改进完善会定期进行。在一些企业，研究者正在寻求一些方法来减少需要处理的返排水的量。如果水力压裂过程或者液体添加剂能够发展到可以使用总溶解固体量较高的水，则更多的处理方法能够应用，从而使更多的返排水得到重新使用。返排水的处理和重新使用能够减取水量和其他处理方式的需求，同样有助于解决与取水过程有关的许多问题。

10.2.3　水处理的成本

由于大量的返排液需要在各个井场收集后再由罐车运送到处理站（图10.3），因此运输成本较高。水量越大，需要拖运水的罐车数量越多，投资越大。一辆罐车每小时的收费约为100美元，往返一次大概要6h。这样由罐车的运输费用使每桶水处理成本增加约4美元（Rassenfoss，2011）。

由于页岩气压裂返排液的量较大，加之美国各州对环境问题越发重视，因此对返排液的处理要求越来越高。水处理市场的蓬勃发展使许多公司和研究机构纷纷加入到这一行业中，他们开发出了许多不同的水处理设备。

图10.3　宾夕法尼亚州的 Marcellus 页岩气产区 10000bbl/d 的可移动式水处理设备

10.2.4　水处理后的测试

在宾夕法尼亚州西南部的 Marcellus 页岩气产区，曾对 19 口井的返排液进行跟踪测试化验。最大返排液量为 15000bbl，返排率为 40% 左右。具体的测试结果如图 10.4 所示。

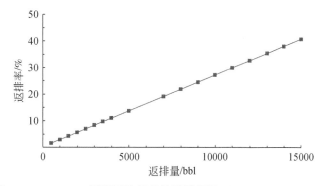

图 10.4　Marcellus 页岩区块某井的返排情况（Blauch *et al.*，2009）

Marcellus 页岩区块某口井返排后阳离子的浓度变化与返排量之间的关系如图 10.5 所示。

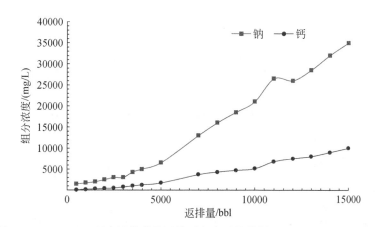

图 10.5　Marcellus 页岩区块某井返排后阳离子的分析（Blauch *et al.*，2009）

Marcellus 页岩区块某口井返排后阴离子的浓度变化与返排量之间的关系如图 10.6 所示。

Marcellus 页岩区块某口井返排后单价离子的浓度变化与返排量之间的关系如图 10.7 所示。

Marcellus 页岩区块某口井返排后二价离子的浓度变化与返排量之间的关系如图 10.8 所示。

钡离子的含量随返排量的变化，如图 10.9 所示。

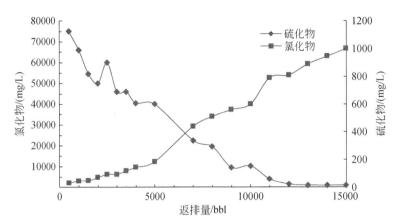

图 10.6　Marcellus 页岩区块某井返排后阴离子的分析（Blauch *et al.*，2009）

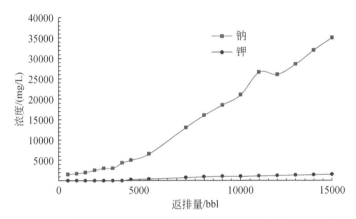

图 10.7　Marcellus 页岩区块某井返排后单价离子的分析（Blauch *et al.*，2009）

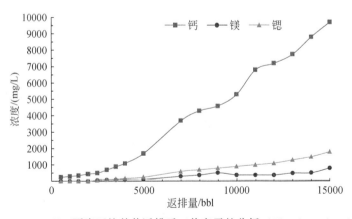

图 10.8　Marcellus 页岩区块某井返排后二价离子的分析（Blauch *et al.*，2009）

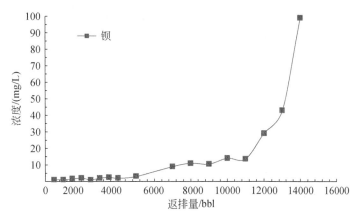

图 10.9　Marcellus 页岩区块某井返排后钡离子的分析（Blauch *et al.*，2009）

由上面的返排液测试结果，可以得到如下结论：Na^+、Ca^{2+} 离子是返排液中主要的两种离子。随着返排液量的增加，也就是返排时间的增加，所溶解的 Na^+、Ca^{2+} 离子含量在不断增加。随着返排进程的延长，返排液的碱性和 pH 值在不断降低。随着 Ca^{2+} 离子含量的增加，硫化物含量在不断下降。具体的离子含量见表 10.1。

上述的测试结果表明，需要结合地质沉积、页岩特征、上下层位的岩性和流体特征以及地球化学等多方面的知识，利用流体化学和页岩矿物组成分析等多种手段，才能解释返排液中阴阳离子含量的变化原因，以获得比较清楚的认识。

表 10.1　**Marcellus 页岩区块某井返排水的化学元素含量**（据 Horner *et al.*，2011）

返排水/bbl		12000	13000	14000	15000
离子	P 碱度/（mg/L）	0	0	0	0
	M 碱度/（mg/L）	280	240	200	160
	氯化物/（mg/L）	54000	59000	62900	67800
	硫酸盐/（mg/L）	31	20	20	24
阳离子	Na^+/（mg/L）	26220	28630	31810	35350
	K^+/（mg/L）	1119	1201	1350	1480
	Ca^{2+}/（mg/L）	7160	7680	8880	9720
	Mg^{2+}/（mg/L）	341	463	488	805
	总硬度（$CaCO_3$）/（mg/L）	19300	21100	24200	27600
	Ba^{2+}/（mg/L）	28.9	43.3	99.6	175.7
	Sr^{2+}（mg/L）	1110	1305	1513	1837
	Fe^{2+}/（mg/L as Fe^{+2}）	0.4	0.9	1.1	3.3
	铁总计/（mg/L）	63	66	72	78

续表

		12000	13000	14000	15000
	返排水/bbl				
其他	pH	6.22	6.08	5.98	5.88
	总悬浮颗粒物/（mg/L）	144	175	498	502
	比重/（g/mL）	1065	1068	1077	1087
	电导率（micrombos）	133100	141500	157600	173200
	ΔATP（rlu）-微生物含量	1	3	1	1
	微生物含量	低	低	低	低
	朗格利尔饱和指数（LSI）	1.02	0.84	0.72	0.55
	朗格利尔势能	缩放	轻度缩放	轻度缩放	轻度缩放

另外，通过对美国 Fayetteville、Marcellus、Barnett 3 个页岩气区块压裂返排液的对比（表10.2），可以看到返排液中的离子含量差距较大，这也反映出 3 个页岩气区块的页岩矿物成分和流体类型的差别。

表 10.2　美国 3 个页岩气区块返排液中的物质成分及含量对比（据 Horner *et al.*，2011）

名称	Fayetteville	Marcellus	Barnett
Na^+/（mg/L）	5362.6	24445	12453
Mg^{2+}/（mg/L）	77.3	263.1	253
Ca^{2+}/（mg/L）	256.3	2921	2242
Sr^{2+}/（mg/L）	21	347	357
Ba^{2+}/（mg/L）	0.8	679	42
Mn/（mg/L）	0.5	3.9	44
Fe^{2+}/（mg/L）	27.6	25.5	33
SO_4^{2-}/（mg/L）	149.4	9.1	60
HCO_3^-/（mg/L）	1281.4	261.4	289
Cl^-/（mg/L）	8042.3	43578.4	23797.5
TDS/（mg/L）	15219	72533	39570
S.G.	1010	1050	1030

对上述返排水的化学分析，主要目的有两个：一是判断是否达到排放的标准或给环境带来的危害；二是确定返排水能否循环利用。由于压裂用水量较大，应尽可能地利用返排水来配制压裂液，做到再利用。这只有做好返排水的分析化验，才能采取针对性的措施以便配制新的压裂液（Horner *et al.*，2011）。

Marcellus 页岩气区块对返排水是否达标的要求较高，具体的离子含量见表10.3。图10.10 为返排水蒸发处理的流程。

表 10.3　水处理的达标要求（据 Horner *et al.*，2011）

回用处理	LEVEL0：无处理，回流与补给水直接混合	TSS：无变化 TDS：无变化 100% 可重复使用
	LEVEL1：基本除去 TSS	TSS<25mg/L TDS：无变化 100% 可重复使用
	LEVEL2：低抛光，基本除去 TSS，然后介质过滤	TSS：过滤到 5μm TDS：无变化 100% 可重复使用
	LEVEL3：高抛光，基本除去 TSS，然后膜过滤	TSS：过滤到小于 1μm TDS：无变化 100% 可重复使用
	LEVEL4：选择性除去离子，基本除去 TSS，然后是膜过滤和离子交换或纳滤	TSS：过滤到小于 1μm TDS：根据需要除去二价离子 100% 可重复使用
回收处理	LEVEL5：蒸馏，基本除去 TSS，然后是 MVR 蒸发器（除去 TDS）	TSS<10mg/L TDS<100mg/L 60% to 90% 可重复使用
	LEVEL6：结晶，基本除去 TSS，然后是 MVR 蒸发器和结晶器（除去 TDS）或直接蒸发的蒸发器	TSS<10mg/L TDS<100mg/L 100% 可重复使用

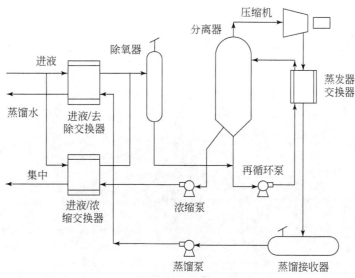

图 10.10　返排水蒸发处理的流程

10.3　压裂对地下水影响

页岩气井开发包括了钻透上覆含水层，利用水力压裂进行改造、完井以及生产天然气，可能会增加地下水污染风险的问题。通常情况下，钻井、完井作业要使用套管密封整个气井，使井筒内部环境与地层完全隔离。一个设计合理的套管井可以防止钻井液、压裂液或者天然气泄漏到含水层，确保地下水不被污染。另外，套管还可以防止地下水渗透入井筒而影响天然气的生产。

针对目的层开展的水力压裂作业，将大量溶有化学物质的水带入地层，由此可能会引起蓄水层的污染。水力压裂技术能够在页岩储层中创造出新的裂缝，而且这些裂缝可以沿着页岩地层层理面延伸数千英尺。这些裂缝延伸到上覆含水层的可能性取决于页岩层和含水层之间的隔离程度。任何延伸到上覆含水层的裂缝都可能导致水流入页岩气的生产区域，这将严重影响天然气的生产。

10.4　页岩气开发的环境问题

目前，水力压裂技术被认为是唯一能开启页岩储层天然气的"钥匙"，但该技术也是一把双刃剑。水力压裂技术将大量的水、支撑剂和化学添加剂以较高的压力注入地下，破坏了页岩层的结构，从而释放出大量的页岩气，其带给人们丰富的天然气资源的同时，也带给人们对环境保护的忧虑。美国克利福德·克劳斯和汤姆·策勒在《页岩气改变了这里》中对页岩气开发带来的环境问题进行了报道。归纳起来，主要有以下几点。

1）水的污染问题。水污染是页岩气开发中存在的最严重，也是最具争议性的问题（图 10.11）。虽然多数井环境评估结果为良好，但也有专家学者研究指出页岩气开采可能造成水资源污染（张东晓和杨婷云，2015）。

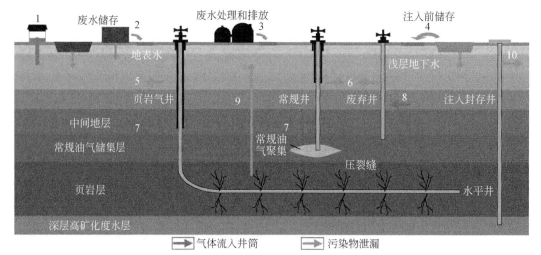

图 10.11　页岩气开发相关的水资源风险示意图（张东晓和杨婷云，2015）

1. 过度取水引起水资源匮乏和水质恶化；2. 蓄水池和储水坑废水渗透造成地表水和浅层地下水污染；3. 处理不达标的废水排放污染河流和土壤；4. 注入前储层不当造成泄漏；5. 天然气和压裂液、产出水等从页岩气井套管缺损处泄漏污染浅层地下水；6. 气体从常规油气井套管或废弃井泄漏污染浅层地下水；7. 中间地层的气体流入页岩气井或常规油气井；8. 中间地层或储集层的气体流入废弃的油气井；9. 天然气和高矿化度地层水从页岩储集层直接运移造成地下水污染；10. 注入井泄漏

2）对饮用水安全的威胁。在美国多个地方都曾发生过甲烷渗入居民饮用水的案例。

3）化学物质的泄漏。2009 年，切萨皮克能源公司的钻井使用的化学制品在一次暴风雨中发生泄漏，化学品被附近饲养的牛食用，导致 16 头牛死亡。

4）环保人士还担心水力压裂会消耗大量的水资源。据德国地球科学研究中心的霍斯菲尔德教授介绍，每口页岩气井共需耗费 $4.0×10^6$ gal 的水才能使页岩裂开。

5）水力压裂所使用的杀菌剂也会对环境产生影响。

10.5　相关环境法律法规

在美国，包括页岩气在内的石油和天然气的开发和开采会受到联邦政府、州政府和当地法律的管辖，涉及勘探和运营的各个方面。所有应用于常规石油和天然气勘探开采活动的法律、法规和许可也将应用于页岩气开发。

10.5.1　联邦环境法律

页岩气开发涉及的环境问题大部分受到联邦法律的管理。例如，《清洁水法案》管理着与页岩气钻井和开采有关的地表水排放，以及开采现场的雨水径流。《安全饮水法案》管理着页岩气开采活动中液体的地下注入。《清洁空气法案》管理着来自引擎、天然气处理设备和其他与钻井和生产过程相关的大气排放。美国《国家环境政策法》要求，联邦土地上的勘探和开采活动需要进行彻底的环境影响分析。

然而，联邦政府机关没有足够的资源来管理全国所有石油和天然气场所的环境规划。同样，全国性的法律法规也不可能是达到环境保护要求的最有效保障。因此，联邦政府将大部分法律的执行权下放至州政府，由各州相应的管理机构在联邦政府的监督下具体执行。根据法规，各州可以执行自己的实施标准，前提是这些标准与被替代的联邦政府标准具有相等的保护性，甚至为了符合当地的实际情况而具有更高的保护性。一旦这些州的规划通过了相关联邦政府机构的批准，各州将拥有主要的管辖权。

10.5.2　州级法规

相比于国家统一管理的方式，各州在联邦政府监管之下进行的与页岩气开发有关的环境管理，能够更有效地处理这些具有区域性和州级特性的活动。这些特殊的区域因素包括：地质、水文、气候、地貌、工业特点、发展历史、州级法律管理框架、人口密度和当地经济情况。执行标准、检测和强制实施法律法规的州级管理机构通常隶属于州级自然资源部或者环境保护部。虽然各州管理机构的名称和机构各不相同，但其功能基本相似，通常情况下多重管理机构会同时介入，针对不同的开发活动及相关方面进行管理。

各州管理机构不仅需要执行和强制实施联邦法律，它们还有一套自己的州级法律用于管理。州级法律经常会添加环境保护和要求的附加标准。同时，有些州还具有自己的联邦NEPA 法律版本，在州级标准上对联邦土地和私人土地进行环境评估和审核。

各州有许多可供其自行支配的方法来确保页岩气作业不会对环境产生坏的影响。页岩气钻井和开采的管理是一个"从摇篮到坟墓"的做法。各州扩展其权利来管理、批准和强制所有的页岩气开发行为—钻井和压裂、生产运营、废弃物的管理和处理以及钻井的废弃和封堵。各州管理和强制执行的方法各不相同，但通常情况下，各州法律允许石油和天然气管理机构对任何保护人类健康和环境所必须管理的内容进行自主决定。除了一般性的保护法规之外，大部分州还有针对石油和天然气钻井和生产过程中所产生污染的全面禁令。各州将大部分要求都写入规章或者法规中，而一些则加入许可证中。许可证是逐项核发的，它可作为环境审查、实地考察、公众评议或委员会听证的结果。

在美国，运营商在钻探和运营天然气井之前都需要获得许可证。许可证的申请包含矿井的位置、建设、运营和回收利用的各个方面。机构工作人员主要审核申请内容是否符合法律法规，并确认是否具有充分的环境保护措施。必要时，在许可证批准之前，还需到现场进行实地考察。另外，大部分州还要求运营商在获得钻井许可证时应交付保证金或者其他财务担保，以确保其遵守州级相关法律法规，以及生产活动结束之后，能够有足够的经费对矿井进行妥善地封盖。生产商还必须经常通过各种各样的通知或申请新的许可证来向州政府管理机构报告任何新作业活动，从而管理机构能够意识到这一活动并进行相应的审核。

各州都采用了自愿审查程序来帮助或确保该州计划尽可能高效执行。事实也证明了定期地对各州勘探和开采产生的废弃物管理规划进行评估，有助于提高规划的执行效率，增强联邦政府和各州管理机构之间的合作。

具有石油和天然气生产活动的各州在组织管理机构方面存在比较大的差异性。有些州同时有几个管理机构监督石油和天然气运营的不同方面，尤其是环境方面的问题。这些管理机构隶属于州级组织机构中的不同部门或机关。随着时间的推移，每个州都发展了各种管理方法，其目的是试图建立一个能为其市民和所有需要监管的行业提供最佳的服务体系。在管理机构中，负责钻井批准和监控其日常运营的管理机构是每个生产石油和天然气的州都具有的，虽然该机构在管理过程中需要与其他机构协同工作，但从该机构处可以获得各种对石油和天然气开采活动可能具有管辖权的机构信息。

10.5.3　当地法规

除了州政府和联邦政府要求之外，特殊区域的其他各级政府也可以对石油和天然气运营有其他要求。诸如城市、县、部落以及区域水行政管理等部门，均可以制定相关运营要求。这些额外的要求影响着矿井的选址和运营，并要求获取除联邦政府或州政府许可证之外的其他许可证和批准。

当生产运营活动发生在人口聚集区或其附近时，当地政府会建立相关的法律条文来保护市民的基本福利和居住环境。这些当地的法律条文通常会要求特殊的许可证来处理一系列问题，如洪水区域的矿井选址、噪声等级、远离住宅和其他受保护地点的距离、井场管理以及交通等。例如，法律条文会设置白天和夜晚运营产生的噪声等级标准。

在一些情况下，为了保护整个水域的水质和管理水的使用，联邦政府会成立区域水管理部门，对多个州进行统筹管理。

管理页岩气开发和生产的法律种类繁多，且由联邦政府和各州政府多个管理机构共同管理，这有时会让人产生迷惑。因此，本书主要根据受页岩气开发活动影响的环境介质进行分类说明。影响各环境介质的主要法律法规在本书中都进行了讨论。关于联邦政府和各州政府的特殊要求也做了额外的考虑，本书对一些与环境相关的计划也进行了论述。

10.5.4　水质影响方面的法律法规

对水质的潜在影响的管理主要由几个联邦法律以及相应的州进行。其中，与页岩气开发导致水质污染相关的联邦法律主要是《清洁水法案》《安全饮用水法案》和《石油污染法案》。

《清洁水法案》是美国政府治理水污染的主要联邦法律。该法案的建立旨在保护水质，包括在油气开采中返排水所产生的污染，通过《国家污染物排放消除系统》（NPDES）许可程序具体实施。

根据《清洁水法案》，美国能源信息署已经实施了一些污染防治项目，比如设置工业企业中的污水排放标准。除此之外，针对地表水中的各种污染物也设置了相应的水质标准。

根据《清洁水法案》，在美国任何地方向通航水域排放污染物均是违法行为，除非是受到特定获批许可证的允许。NPDES 许可程序控制从离散运输系统等点源排放污染物，包括管道和人工沟渠。工业、市政和其他诸如页岩气采场的设施或处理页岩气返排水的商用设施必须获得批准后方能直接向地表水中排放。大型设施的排放通常有单独的 NPDES 许可证。小型设施的排放通常会纳入一般许可证范围。根据《清洁水法案》，一般许可证授权向一定的地理区域中进行某类污染物排放，并非专门针对某一特定污染物的排放。大多数油气生产设施所涉及的排放均包含在一般许可证中，因为在某个地理区域中，油气生产设备是典型的常见排放设备。

对于那些达到联邦政府基本要求的州政府来说，他们可以设定更加严格的且具有针对性的标准。因为各个州能够获得各自项目的主导地位，所以以州和州之间的具体要求也不尽相同。这些不同可能会影响油气企业对位于两个或多个州之间流域的返排水管理。废水限制是 NPDES 许可证制度中控制污染物进入受纳水体的主要机制。在起草 NPDES 许可证中的废水限制时，许可证撰写人需要基于两个方面的考虑：能够控制污染物的有效技术，即科技型排放标准；用于保护受纳水体水质标准的法律法规，即水质排放标准。

NPDES 许可证中科技型排污限制的目的在于要求点源排放中废水的含量不能大于特定地表水体的最大容纳标准。这一措施是基于现有使用技术提出的，允许履行者使用任何可用技术来达到这一要求。对于工业和非市政设施来说。科技型排污限制来自两个方面：使用美国能源信息署颁布的废水排污指南和标准；在没有国家指南和标准的情况下，可以使用基于实例的最佳专业判断方法。在授予许可证之前，授权机构必须考虑每一份地表水排放申请对于受纳水体的潜在的影响，而不仅仅是各自的排放量。如果授权机构的决定认为科技型排污限制不足以保证受纳水体的水质标准，那么《清洁水法案》和 NPDES 法规要求在最终的许可证中应增加更为严格的限制条件。

在美国，《安全饮用水法案》旨在通过管理国家公众饮用水的供给来达到保护公众健康的目的。该法案在保护饮用水及其水源上获得了很多权力，包括河流、湖泊、水库、泉水和地下水井。同时，该法案还授权美国能源信息署、各州和市政供水系统机构携手合作，确保各项标准符合要求。

10.5.5　空气质量影响法案

《清洁空气法》是美国能源信息署用来管理那些可能对空气造成污染的排放的主要管理依据。该法案为某些污染排放设置了排放标准，并要求相关工业操作需取得许可证。温室气体不属于此类排放范围。《清洁空气法》要求美国能源信息署对某些污染制定国家标准。美国能源信息署基于人类健康、环境或技术方面的需求制定了相关污染标准，设置了污染物排放的许可标准。但空气管理法规通常对于公司的规模、油田的年龄以及操作的类型未作具体要求。一般来说，空气管理法规对于某些事项是不作要求的，如常规油气或非常规油气、老油田或者新油田、探井的深度等。绝大部分情况下，在页岩气开发中，气体排放适用的法律规范以及相关的排放标准和其他天然气没有任何区别。

10.5.6　土地影响方面的法律法规

页岩气作业对土地的影响主要包括固体废弃物处置和地表扰动，因为这些活动会影响到地表景观或野生动物栖息地。

美国《资源保护与回收法》是用于解决日益增长的城市和工业固体废物问题的一部法案。目的是保护人类健康和环境，保护资源，减少废物排放。该法案还设定了一个目标，用于管理有害废物处理的整个过程，确保有害废物的处理方式不影响人类的健康和环境。

美国《濒危物种法案》是旨在保护被联邦政府列为濒临灭绝的或有灭绝危险的动物和植物的一部法案。该法案规定任何私人组织或个人所拥有的土地，即土地所有者不允许伤害其领土中的濒危动物或其栖息地。

10.5.7　其他联邦环保法律和要求

美国《综合环境反应、赔偿和责任法》是向化工和石油企业增收税收，并赋予联邦政府广泛的权力，来管理危害人类健康和环境的有害物质的释放或可能释放事件的一部法案。

美国《应急计划与社区知情权法案》要求联邦政府、州政府、地区政府、部落和企业提供关于有害和有毒化学物质的应急计划和社区知情权报告。同时，该法案还可帮助公众了解各设施在使用和泄漏过程中排放进空气中的化学物质信息。

美国《职业安全与健康法案》用于提升美国员工安全健康的保障，包括设置和强制执行有关标准，提供培训、拓展训练和教育服务，建立合作关系，以及持续改进员工的工作安全和健康。

10.5.8　小结

美国在管理包括页岩气在内的油气行业方面具有丰富的经验。联邦政府和各州政府已建立了一套健全的法律法规条例来管理页岩气开发和生产活动。根据这些法律法规的要求，在页岩气钻探、生产和废弃过程中，需遵守联邦政府、州政府和地方政府的一系列用于保护人类健康和环境的法律条例和要求。同时，这些要求也减少了全国范围内油气开发活动对于水资源、大气和土地的潜在危害和负面影响。

参 考 文 献

陈尚斌，左兆喜，朱炎铭，等．2015．页岩气储层有机质成熟度测试方法适用性研究［J］．天然气地球科学，26（3）：564-574.

程远方，李友志，时贤，等．2013．页岩气体积压裂缝网模型分析及应用［J］．天然气工业，33（9）：53-59.

胡永全，贾锁刚，赵金洲，等．缝网压裂控制条件研究［J］．西南石油大学学报：自然科学版，2014，35（4）：126-132.

贾长贵，李双明，王海涛．2012．页岩储层网络压裂技术研究与试验［J］．中国工程科学，14（6）：106-112.

贾利春，陈勉．2012．国外页岩气井水力压裂裂缝监测技术进展［J］．天然气与石油，30（1）：44-46.

蒋廷学，邹洪岚．页岩气压裂技术［M］．上海：华东理工大学出版社．

李大荣．2004．美国页岩气资源及勘探历史［J］．石油知识，104（1）：61.

李亮国．2015．页岩气开采致水污染的途径及污染物特点［J］．油气田环境保护，25（3）：1-3.

李庆辉，陈勉，金衍．2012．页岩气储层岩石力学特性与脆性评价［J］．石油钻探技术，40（4）：17-22.

李少明．2017．页岩气井重复压裂补孔优化技术研究［J］．能源与环保，39（1）：100-103.

刘广峰，王文举，李雪娇．2016．页岩气压裂技术现状及发展方向［J］．断块油气田，23（2）：235-239.

刘旭礼．2016．井下微地震监测技术在页岩气"井工厂"压裂中的应用［J］．石油钻探技术，44（4）：102-107.

孟浩．2014．加拿大页岩气开发现状及启示［J］．世界科技研究与发展，36（4）：465-469.

王林，马金良，苏凤瑞，等．2012．北美页岩气工厂化压裂技术［J］．钻采工艺，35（6）：48-50.

王耀稼，王再兴，李云峰．2016．连续管无限级压裂新技术［J］．中外能源，21（3）：48-52.

王治中，邓金根，赵振峰．2006．井下微地震裂缝监测设计及压裂效果评价［J］．大庆石油地质与开发，25（6）：76-78.

徐海霞，齐梅，赵书怀．2012．页岩气容积法储量计算方法及实例应用［J］．现代地质，26（3）：555-559.

徐美华，陈小凡，谢一婷．2013．页岩气地质储量计算方法探讨［J］．重庆科技学院学报（自然科学版），15（3）：39-42.

许冬进，廖锐全，石善志，等．2014．致密油水平井体积压裂工厂化作业模式研究［J］．特种油气藏，21（3）：1-6.

袁俊亮，邓金根，张定宇．2013．页岩气储层可压裂性评价技术［J］．石油学报，34（3）：523-527.

张东晓，杨婷云．2015．美国页岩气水力压裂开发对环境的影响［J］．石油勘探与开发，42（6）：801-807.

张焕芝，何艳青，刘嘉，等．2012．国外水平井分段压裂技术发展现状与趋势［J］．石油科技论坛，6：47-52.

张建良、黄德林．2015．我国页岩气开发水污染防治法制研究——对美国相关法制的借鉴［J］．中国国土资源经济，327（2）：60-64.

张金川，林腊梅，李玉喜，等．2012．页岩气资源评价方法与技术：概率体积法［J］．地学前缘，19（2）：184-191.

张士诚，牟松茹，崔勇．2011．页岩气压裂数值模型分析［J］．天然气工业，31（12）：81-84.

赵金洲，李勇明，王松，等．2014．天然裂缝影响下的复杂压裂裂缝网络模拟［J］．天然气工业，34（1）：68-73.

周际永，熊俊杰，刘春祥，等.2014. 压裂液降滤失技术研究 [J]. 内蒙古石油化工，(11)：90-92.

周少鹏，田玉明，陈战考，等.2013. 陶粒压裂支撑剂研究现状及新进展 [J]. 硅酸盐通报，32（6）：1097-1102.

Aboaba A, Cheng Y. 2010. Estimation of fracture properties for a horizontal well with multiple hydraulic fractures in gas shale [C]. Paper 138524 MS, presented at SPE Eastern Regional Meeting, 13-15 October, Morgantown, West Virginia, USA.

Abousleiman Y N. 2007. Geomechanics field and lab characterization of Woodford shale：the next gas play [C]. Paper SPE 110120 MS, presentation at the SPE Annual Technical Conference and Exhibition, 11-14 November, Anaheim, California, USA.

Alkouh A, Mcketta S, Wattenbarger R A. 2014. Estimation of effective-fracture volume using water-flowback and production data for shale-gas wells [J]. SPE 166279 PA. Journal of Canadian Petroleum Technology, 53（5）：290-303.

Al-Tailji W H, Shah K, Davidson B M. 2016. The application and misapplication of 100-mesh sand in multi-fractured horizontal wells in low-permeability reservoirs [C]. Paper SPE 179163 MS, presented at the SPE Hydraulic Fracturing Technology Conference, 9-11 February, The Woodlands, Texas, USA.

Arthur J D, Bohm B K, Cornue D. 2009a. Environmental considerations of modern shale gas development [C]. Paper SPE 122931 MS, presented at the SPE Annual Technical Conference and Exhibition, 4-7 October, New Orleans, Louisiana, USA.

Arthur J D, Bohm B, Coughlin B J, *et al.* 2009b. Evaluating implications of hydraulic fracturing in shale-gas reservoirs [J]. SPE 121038 MS. Journal of Petroleum Technology, 61（8）：53-54.

Baihly J D, Laursen P E, Ogrin G J, *et al.* 2006. Using microseismic monitoring and advanced stimulation technology to understand fracture geometry and eliminate screenout problems in the bossier sand of east texas [C]. Paper SPE 102493 MS, presented at the SPE Annual Technical Conference and Exhibition, 24-27 September, San Antonio, Texas, USA.

Barba R. 2009. A Novel Approach to identifying refracturing candidates and executing refracture treatments in multiple zone reservoirs [C]. Paper SPE 125008 MS, presented at the SPE Annual Technical Conference and Exhibition, 4-7 October, New Orleans, Louisiana, USA.

Barree R D, Fisher M K, Woodroof R A. 2002. A practical guide to hydraulic fracture diagnostic technologies [C]. Paper SPE 77442 MS, presented at the SPE Annual Technical Conference and Exhibition, 29 September-2 October, San Antonio, Texas, USA.

Barree R, Gilbert J, Conway M. 2009. Stress and rock property profiling for unconventional reservoir stimulation [C]. Paper SPE 118703 MS, presented at the SPE Hydraulic Fracturing Technology Conference, 19-21 January, The Woodlands, Texas, USA.

Barrufet M A, Mareth B C. 2009. Optimization and process control of a reverse osmosis treatment for oilfield brines [C]. Paper SPE 121177 MS, presented at the Latin American and Caribbean Petroleum Engineering Conference, 31 May-3 June, Cartagena de Indias, Colombia.

Barton C A. 2000. Discrimination of natural fractures from drilling-induced wellbore failures in wellbore image data—implications for reservoir permeability [C]. Paper SPE 58993 MS, presented at the SPE International Petroleum Conference and Exhibition in Mexico, 1-3 February, Villahermosa, Mexico.

Bello R O, Wattenbarger R A. 2008. Rate transient analysis in naturally fractured shale gas reservoirs [C]. Paper SPE 114591 MS, presented at the CIPC/SPE Gas Technology Symposium 2008 Joint Conference. , 16-19 June, Calgary, Alberta, Canada.

Bello R O, Wattenbarger R A. 2010. Multi-stage hydraulically fractured shale gas rate transient analysis [C]. Paper SPE 126754 MS, presented at the SPE North Africa Technical Conference and Exhibition, 14-17 February, Cairo, Egypt.

Bennion D B, Thomas F B, Bietz R F. 1996. Water and hydrocarbon phase trapping in porous media-diagnosis, prevention and treatment [J]. Journal of Canadian Petroleum Technology, 35 (10): 29-36.

Blanton T L. 1986. Propagation of hydraulically and dynamically induced fractures in naturally fractured reservoirs. [C]. Paper SPE 15261 MS, presented at the SPE unconventional gas technology symposium, 18-21 May, Louisville, Kentucky.

Blauch M E. 2010. Developing effective and environmentally suitable fracturing fluids using hydraulic fracturing flowback waters [C]. Paper SPE 131784 MS, presented at the SPE Unconventional Gas Conference. 23-25 February, Pittsburgh, Pennsylvania, USA.

Blauch M E, Myers R R, Moore T, et al. 2009. Marcellus shale post-frac flowback waters-where is all the salt coming from and what are the implications? [C]. Paper SPE 125740 MS, presented at the SPE Eastern Regional Meeting, 23-25 September, Charleston, West Virginia, USA.

Bowker K A. 2003. Recent development of the Barnett Shale play, Fort Worth Basin [J]. Search & Discovery.

Bowker K A. 2007. Barnett Shale gas production, Fort Worth Basin: issues and discussion [J]. Aapg Bulletin, 91 (4): 523-533.

Boyer C M, Glenn S A, Claypool B R, et al. 2005. Application of viscoelastic fracturing fluids in appalachian basin reservoirs [C]. Paper SPE 98068 MS, presented at the SPE Eastern Regional Meeting, 14-16 September, Morgantown, West Virginia, USA.

Boyer C, Kieschnick J, Suarez-Rivera R, et al. 2006. Producing gas from its source [J]. Oilfield Review, 18: 36-49.

Brannon H, Starks T. 2008. The effects of effective fracture area and conductivity on fracture deliverability and stimulation value [J]. Inorganic Chemistry, 44 (18): 6211-6218.

Brannon H D, Malone M R, Rickards A R, et al. 2004. Maximizing fracture conductivity with proppant partial monolayers: theoretical curiosity or highly productive reality [C]. Paper SPE 90698 MS, presented at the SPE Annual Technical Conference and Exhibition, 26-29 September, Houston, Texas, USA.

Brannon H D, Kendrick D E, Luckey E, et al. 2009. Multistage fracturing of horizontal shale gas wells using > 90% foam provides improved production [C]. Paper SPE 124767 MS, presented at the SPE Eastern Regional Meeting, 23-25 September, Charleston, West Virginia, USA.

Brian G, Alan V Z, Fairmount S. 2015. Self-suspending proppant transport technology increases stimulated reservoir volume and reduces proppant pack and formation damage [C]. Paper SPE 174867 MS, presented at the SPE Annual Technical Conference and Exhibition, 28-30 September. , Texas, USA.

Britt L K, Schoeffler J. 2009. The geomechanics of a shale play: what makes a shale prospective [C]. Paper SPE 125525 MS, presented at the SPE Eastern Regional Meeting, 23-25 September, Charleston, West Virginia, USA.

Bustin A, Bustin R M, Cui X. 2008. Importance of fabric on the production of gas shales [C]. Paper SPE 114167 MS, presented at the SPE Unconventional Reservoirs Conference, 10-12 February, Keystone, Colorado, USA.

Bybee K. 2004. Improved horizontal-well stimulations in the Bakken Formation [J]. SPE 1104-0049 JPT. Journal of Petroleum Technology, 56 (11): 49-50.

Castro L, Johnson C C, Thacker C W. 2012. Targeted annular hydraulic fracturing using CT-enabled frac sleeves:

a case history from Montana's Bakken Formation. Paper ［C］. SPE 166511 MS, presented at the SPE Annual Technical Conference and Exhibition, 30 September－2 October New Orleans, Louisiana, USA.

Chipperfield S T, Wong J R, Warner D S, et al. 2007. Shear dilation diagnostics—a new approach for evaluating tight gas stimulation treatments ［J］. Appea Journal, 47 (9): 1302-1312.

Chong K K, Grieser W V, Jaripatke O A, et al. 2010. A completions roadmap to shale-play development: a review of successful approaches toward shale-play stimulation in the last two decades ［C］. Paper SPE 130369 MS, presented at the International Oil and Gas Conference and Exhibition, 8-10 June, Beijing, China.

Cipolla C L. 2009. Modeling production and evaluating fracture performance in unconventional gas reservoirs ［J］. SPE 118536 JPT. Journal of Petroleum Technology, 61 (9): 84-90.

Cipolla C L, Lolon E P, Mayerhofer M J, et al. 2009a. Fracture design considerations in horizontal wells drilled in unconventional gas reservoirs ［C］. Paper SPE 119366 MS, presented at the 2009 SPE Hydraulic Fracturing Technology Conference, 19-21 January, The Woodlands, TX, USA.

Cipolla C L, Lolon E, Mayerhofer M J. 2009b. Reservoir modeling and production evaluation in shale-gas reservoirs ［C］. Paper SPE 13185 MS, presented at the International Petroleum Technology Conference, 7-9 December, Doha, Qatar.

Cipolla C L, Lolon E, Dzubin B A. 2009c. Evaluating stimulation effectiveness in unconventional gas reservoirs. ［C］. Paper SPE 124843 MS, presented at the SPE Annual Technical Conference and Exhibition, 4-7 October, New Orleans, Louisiana, USA.

Cipolla C L, Warpinski N R, Mayerhofer M J, et al. 2010. The relationship between fracture complexity, reservoir properties, and fracture treatment design ［J］. SPE 115769 PA. Spe Production & Operations, 25 (4): 438-452.

Cipolla C L, Warpinski N R, Mayerhofer M J. 2013. Hydraulic fracture complexity: diagnosis, remediation, and explotation ［C］. Paper SPE 115771 MS, presented at the SPE Asia Pacific oil and gas conference and exhibition, 20-22 October, Perth, Australia.

Crafton J W. 2010. Flowback performance in intensely naturally fractured shale gas reservoirs ［C］. Paper SPE 131785 MS, presented at the SPE Unconventional Gas Conference, 23-25 February, Pittsburgh, Pennsylvania, USA.

Crafton J, Penny G, Borowski D. 2009. Micro-emulsion effectiveness for twenty four wells, eastern Green River, Wyoming ［C］. Paper SPE 123280 MS, presented at the SPE Rocky Mountain Petroleum Technology Conference, 14-16 April, Denver, Colorado, USA.

Cramer D D. 1992. Treating-pressure analysis in the Bakken Formation ［J］. SPE 21820 PA. Journal of Petroleum Technology; (United States), 44 (1): 20-27.

Crump J B, Conway M W. 1986. Effects of perforation-entry friction on bottomhole treating analysis ［J］. SPE 15474 PA. Journal of Petroleum Technology, 40 (8): 1041-1048.

Cuderman J F, Northrop D A. 1986. Propellant-based technology for multiply fracturing wellbores to enhance gas recovery: application and results in Devonian shale ［J］. SPE 12838 PA. SPE Production Engineering, 12838 (2): 97-103.

Cui X, Bustin A M M, Bustin R M. 2009. Measurements of gas permeability and diffusivity of tight reservoir rocks: different approaches and their applications ［J］. Geofluids, 9 (3): 208-223.

Curtice R J, Salas W D J, Paterniti M L. 2009. To gel or not to gel? ［C］. Paper SPE 124125 MS, presented at the SPE Annual Technical Conference and Exhibition, 4-7 October, New Orleans, Louisiana, USA.

Dahaghi A K, Mohaghegh S. 2009. Economic impact of reservoir properties and horizontal well length and orientation on production from shale formations: application to New Albany Shale ［M］//Infrared and ultraviolet spectra of some compounds of pharmaceutical interest: 9237-9246.

Dan B S. 2007. Abstract: the barnett shale play: phoenix of the Ft. Worth Basin, a History ［J］. Houston Geological Society Bulletin.

Daneshy A A. 1974. Hydraulic fracture propagation in the presence of planes of weakness ［C］. Paper SPE 4852 MS, presented at SPE European Spring Meeting, 29-30 May, Amsterdam, Netherlands.

Dayan A, Stracener S M, Clark P E. 2009. Proppant transport in slickwater fracturing of shale gas formations ［C］. SPE 125068 MS. Journal of Petroleum Technology, 62 (10): 56-59.

Dozier G, Elbel J, FielderE, et al. 2003. Refracturing works. Oilfield Review, Autumn: 38-53.

Economides M J, Watters L T, et al. 1998. Well stimulation in petroleum well construction. John Wiley & Sons, Chap. 17.

Elmer W G, Elmer S J, Elmer T E. 2010. New single well standalone gas lift process facilitates Barnett Shale fracture treatment flowback ［C］. SPE 118876 PA. Spe Production & Operations, 25 (1).

Engelder T, Lash G G. 2008. Marcellus shale play vast resource potential creating stir in Appalachia ［J］. American Oil & Gas Reporter, 51 (6): 76-87.

Ferguson M L, Johnson M A. 2009. Comparing friction reducers performance in produced water from tight gas shales ［C］. SPE 1109-0024 JPT. Journal of Petroleum Technology, 61 (11): 24-27.

Fisher M K, Wright C A, Davidson B M, et al. 2002. Integrating fracture mapping technologies to optimize stimulations in the Barnett Shale ［C］. Paper SPE 77441 MS, presented at the SPE Annual Technical Conference and Exhibition, 29 September-2 October, San Antonio, Texas, USA.

Fisher M K, Heinze J R, Harris C D, et al. 2004. Optimizing horizontal completion techniques in the Barnett Shale using microseismic fracture mapping ［C］. Paper SPE 90051 MS, presented at the SPE Annual Technical Conference and Exhibition, 26-29 September, Houston, Texas, USA.

Frank Jones J R. 1964. Influence of chemical composition of water on clay blocking of permeability ［J］. SPE 631 PA. Journal of Petroleum Technology, 16 (4): 441-446.

Frantz J, Williamson J, Sawyer W, et al. 2005. Evaluating Barnett Shale performance using an integrated approach ［C］. Paper SPE 96917 MS, presented at the 2005 SPE Annual Technical Conference and Exhibition, 9-12 October, Dallas, TX, USA.

Fredd C N, Olsen T N, Brenize G, et al. 2004. Polymer-free fracturing fluid exhibits improved cleanup for unconventional natural gas well applications ［C］. Paper SPE 91433 MS, presented at the SPE Eastern Regional Meeting, 15-17 September, Charleston, West Virginia, USA.

Gale J F W, Laubach S E. 2009. Natural fractures in the New Albany Shale and their importance for shale-gas production ［C］//International Coalbed & Shale Gas Symposium, Paper 916 (10).

Gale J F W, Holder J. 2010. Natural fractures in some US shales and their importance for gas production ［M］. Petroleum Geology: From Mature Basins to New Frontiers—Proceedings of the 7th Petroleum Geology Conference: 2288-2306.

Gale J F W, Reed R M, Holder J. 2007. Natural fractures in the Barnett Shale and their importance for hydraulic fracture treatments ［J］. Aapg Bulletin, 91 (4): 603-622..

Gaurav A, Dao E K, Mohanty K K. 2010. Ultra-lightweight proppants for shale gas fracturing ［C］. Paper SPE 138319 MS, presented at Tight Gas Completions Conference, 2-3 November, San Antonio, Texas, USA.

Gottschling J C. 2009. HZ marcellus well cementing in appalachia ［C］. Paper SPE 125985 MS, presented at the SPE Eastern Regional Meeting, 23-25 September, Charleston, West Virginia, USA.

Grieser W V, Wheaton W E, Magness W D, *et al.* 2007. Surface reactive fluid's effect on shale [C] . Paper SPE 106815 MS, presented at the Production and Operations Symposium, 31 March-3 April, Oklahoma City, Oklahoma, USA.

Grieser W, Shelley R, Johnson B, *et al.* 2008. Data analysis of Barnett Shale completions [J] . SPE 100674 MS. Society of Petroleum Engineers, 13 (13): 366-374.

Grieser W V, Shelley R F, Soliman M Y. 2009. Predicting production outcome from multistage, horizontal Barnett completions [C] . Paper SPE 120271 MS, presented at the SPE Production and Operations Symposium, 4-8 April, Oklahoma City, Oklahoma, USA.

Grundmann S, Rodvelt G, Dials G, *et al.* 1998. Cryogenic nitrogen as a hydraulic fracturing fluid in the Devonian Shale [C] . Paper SPE 51067 MS, presented at the SPE Eastern Regional Meeting, 9-11 November, Pittsburgh, Pennsylvania, USA.

Gupta D V S, Hlidek B T. 2009. Frac fluid recycling and water conservation: a case history [J] . SPE 119478 MS. SPE Production & Operations, 25 (1): 65-69.

Gupta D V S, Pierce R G, Litt N D. 1997. Non-aqueous alcohol fracturing fluid [C] . Paper SPE 37229 MS, presented at the SPE international Symposium on Oilfield Chemistry, 18-21 Feb, Houston, Texas, USA.

Hall M, Kilpatrick J E. 1949. Surface microseismic monitoring of slick water and nitrogen fracture stimulations, Arkoma Basin, Oklahoma [J] . Seg Expanded Abstracts, (1): 1562.

Handren P J, Palisch T T. 2007. Successful hybrid slickwater fracture design evolution——an east Texas Cotton Valley taylor case history [J] . SPE 110451 PA. SPE Production & Operations, 24 (3): 415-424.

Hopkins C W, Rosen R L, Hill D G. 1998. Characterization of an induced hydraulic fracture completion in a naturally fractured Antrim shale reservoir [C] . Paper SPE 51068 MS, presented at the SPE Eastern Regional Meeting, 9-11 November, Pittsburgh, Pennsylvania, USA.

Horn A. 2009. Breakthrough mobile water treatment converts 75% of fracturing flowback fluid to fresh water and lowers CO_2 emissions [C] . Paper SPE 121104 MS, presented at the SPE Americas E&P Environmental and Safety Conference, 23-25 March, San Antonio, Texas, USA.

Horner P, Halldorson B, Slutz J. 2011. Shale gas water treatment value chain——a review of technologies, including case studies [C] . Paper SPE 147264 MS, presented at the SPE Annual Technical Conference and Exhibition, 30 October-2 November, Denver, Colorado, USA.

Houston N A, Blauch M E, Weaver D R, *et al.* 2009. Fracture-stimulation in the Marcellus Shale——lessons learned in fluid selection and execution [C] . Paper SPE 125987 MS, presented at the SPE Eastern Regional Meeting, 23-25 September, Charleston, West Virginia, USA.

Hunt W C, Shu W R. 1989. Controlled pulse fracturing for well stimulation [C] . Paper SPE 18972 MS. presented at the Low Permeability Reservoirs Symposium, 6-8 March, Denver, Colorado, USA.

Jacobi D J, Gladkikh M, Lecompte B, *et al.* 2009. Integrated petrophysical evaluation of shale gas reservoirs [C] . Paper SPE 114925 MS, presented at the CIPC/SPE Gas Technology Symposium 2008 Joint Conference, 16-19 June, Calgary, Alberta, Canada.

Jarvie D M. 2004. Evaluation of hydrocarbon generation and storage in Barnett Shale, Fort Worth Basin, Texas [J] . Journal, 60 (2): 184-189.

Jarvie D M, Hill R J, Ruble T E, *et al.* 2007. Unconventional shale-gas systems: the Mississippian Barnett Shale of north-central Texas as one model for thermogenic shale-gas assessment [J] . Aapg Bulletin, 91 (4): 475-499.

Jayakumar R, Rai R, Boulis A A. *et al.* 2013. Systematic study for refracturing modeling under different scenarios in shale reservoirs ［C］. Paper SPE 165677 MS. presented at the SPE Eastern Regional Meeting, 20-22 August, Pittsburgh, Pennsylvania, USA.

Jeffrey R G, Bunger A P, Lecampion B, *et al.* 2009. Measuring hydraulic fracture growth in naturally fractured rock ［C］. Paper SPE 124919 MS, presented at the SPE Annual Technical Conference and Exhibition, 4-7 October, New Orleans, Louisiana, USA.

Jenkins C D, Charles B I I. 2008. Coalbed and shale-gas reservoirs ［J］. SPE 103514 JPT. Journal of Petroleum Technology, 60 （2）: 92-99.

Jones F O, Owens W W. 1980. A laboratory study of low-permeability gas sands ［J］. SPE 7551 PA. Journal of Petroleum Technology, 32 （9）: 1631-1640.

Jr R A W, Asadi M, Leonard R S, *et al.* 2003. Monitoring fracturing fluid flowback and optimizing fracturing fluid cleanup in the bossier sand using chemical frac tracers ［C］. Paper SPE 84486 MS, presented at the SPE Annual Technical Conference and Exhibition, 5-8 October, Denver, Colorado, USA.

Kale S, Rai C, Sondergeld C. 2010. Petrophysical characterization of Barnett Shale ［C］. Paper SPE 131770 MS, presented at the SPE Unconventional Gas Conference, 23-25 February, Pittsburgh, Pennsylvania, USA.

Kaufman P B, Penny G S, Paktinat J. 2008. Critical evaluation of additives used in shale slickwater fracs ［C］. Paper SPE 119900 MS, presented at the SPE Shale Gas Production Conference, 16-18 November, Fort Worth, Texas, USA.

Kendrick D E, Puskar M P, Schlotterbeck S T. 2005. Ultralightweight proppants: a field study in the big sandy field of eastern Kentucky ［C］. Paper SPE 98006 MS, presented at the SPE Eastern Regional Meeting, 14-16 September, Morgantown, West Virginia, USA.

Ketter A A, Heinze J R, Daniels J L, *et al.* 2006 A field study in optimizing completion strategies for fracture initiation in Barnett Shale horizontal wells ［J］. SPE 103232 PA SPE Production & Operations: 373-378.

King G E, Lee R M. 1988. Adsorption and chlorination of mutual solvents used in acidizing ［J］. SPE 14432 PA. SPE Production Engineering, 3 （2）: 205-209.

Kostenuk N H, Browne D J. 2010. Improved proppant transport system for slickwater shale fracturing ［C］. Paper SPE 137818 MS, presented at Canadian Unconventional Resources and International Petroleum Conference, 19-21 October, Calgary, Alberta, Canada.

Kundert D P, Mullen M J. 2009. Proper evaluation of shale gas reservoirs leads to a more effective hydraulic-fracture stimulation ［C］. Paper SPE 123586 MS, presented at the SPE Rocky Mountain Petroleum Technology Conference, 14-16 April, Denver, Colorado, USA.

Lafollette R, Carman P. 2010. Proppant Diagenesis: Results so far ［C］. Paper SPE 131782 MS, presented at the SPE Unconventional Gas Conference, 23-25 February, Pittsburgh, Pennsylvania, USA.

Leonard R S, Woodroof R A, Bullard K, *et al.* 2007. Barnett Shale completions: A method for assessing new completion strategies ［C］. Paper SPE 110809 MS, presented at the SPE Annual Technical Conference and Exhibition, 11-14 November, Anaheim, California, USA.

Lolon E, Cipolla C, Weijers L, *et al.* 2009. Evaluating horizontal well placement and hydraulic fracture spacing/conductivity in the Bakken Formation, North Dakota ［C］. Paper SPE 124905 MS, presented at the SPE Annual Technical Conference and Exhibition, 4-7 October, New Orleans, Louisiana, USA.

Macdonald R J, Jr J H, Merriam G W, *et al.* 2002. Comparing production responses from Devonian Shale and Berea Wells stimulated with nitrogen foam and proppant vs. nitrogen-only, Pike Co. Kentucky ［J］. Quincena Fiscal: 45-55.

Macdonald R J, Jr J H, Merriam G W, *et al.* 2003. Application of innovative technologies to fractured Devonian

Shale reservoir exploration and development activities［C］. Paper SPE 84816 MS, presented at the SPE Eastern Regional Meeting, 6-10 September, Pittsburgh, Pennsylvania, USA.

Macdonald R J, Jr J H, Schlotterbeck S T, et al. 2003. An update of recent production responses obtained from Devonian Shale and Berea Wells stimulated with nitrogen foam (with proppant) vs. nitrogen-only, Pike Co. KY ［C］. Paper SPE 84834 MS, presented at the SPE Eastern Regional Meeting, 6-10 September, Pittsburgh, Pennsylvania, USA.

Mattar L. 2008. Production analysis and forecasting of shale gas reservoirs: case history-based approach［J］. Association for Childhood Education International, 27 (2): 181-182. .

Matthews H, Schein G, Malone M. 2007. Stimulation of gas shales: They're all the same-right?［C］. Paper SPE 106070 MS, presented at the SPE Hydraulic Fracturing Technology Conference, 29-31 January, College Station, Texas, USA.

Maxwell S C, Urbancic T I, Steinsberger N, et al. 2002. Microseismic imaging of hydraulic fracture complexity in the Barnett Shale［C］. Paper SPE 77440 MS, presented at the SPE Annual Technical Conference and Exhibition, 29 September-2 October, San Antonio, Texas, USA.

Maxwell S C, Waltman C, Warpinski N R, et al. 2009. Imaging seismic deformation induced by hydraulic fracture complexity［J］. SPE 102801 PA. SPE Reservoir Evaluation & Engineering, 12 (1): 48-52.

Mayerhofer M J, Lolon E, Warpinski N R, et al. 2010. What is stimulated reservoir volume?［J］. SPE 119890 PA. SPE Production & Operations, 25 (1): 89-98.

Mcbane R A, Campbell R L, Truman R B. 1988. Comparison of diagnostic tools for selecting completion intervals in Devonian Shale wells［J］. Saitabi Revista De La Facultat De Geografia I Història, 40 (2): 187-196.

Mcdaniel B W, Rispler K A. 2009. Horizontal wells with multistage fracs prove to be best economic completion for many low-perm reservoirs［C］. Paper SPE 125903 MS, presented at the SPE Eastern Regional Meeting, 23-25 September, Charleston, West Virginia, USA.

Mcdaniel B W, Marshall E, East L, et al. 2006. CT-deployed hydrajet perforating in horizontal completions provides new approaches to multistage hydraulic fracturing applications［C］. Australian Practice Nurses Association: Golden Opportunities: 57-66.

Melcher J, Persac S, Whitsett A. 2015. Restimulation design considerations and case studies of haynesville shale ［C］. Paper SPE 174819 MS, presented at the SPE Annual Technical Conference and Exhibition, 28-30 September, Houston, Texas, USA.

Miskimins J L. 2009. Design and life cycle considerations for unconventional reservoir wells［J］. SPE 114170 MS. SPE Production & Operations, 24 (2): 353-359.

Nelson R F, Williamson J R. 1998. Application of advanced stimulation technologies in the Appalachian Basin: field case study of well performance several years later［J］. SPE 51047 MS. Society of Petroleum Engineers.

Nelson S, Huff C. 2009. Horizontal Woodford Shale completion cementing practices in the Arkoma Basin, southeast Oklahoma: A case history［C］. Paper SPE 120474 MS, presented at the SPE Production and Operations Symposium, 4-8 April, Oklahoma City, Oklahoma, USA.

Olsen T N, Gomez E, Mccrady D D, et al. 2009. Stimulation results and completion implications from the consortium multiwell project in the north Dakota Bakken Shale［C］. Paper SPE 124686 MS, presented at the SPE Annual Technical Conference and Exhibition, 4-7 October, New Orleans, Louisiana, USA.

Olson J E, Taleghani A D. 2009. Modeling simultaneous growth of multiple hydraulic fractures and their interaction with natural fractures［C］. Paper SPE 119739 MS, presented at the SPE Hydraulic Fracturing Technology Conference, 19-21 January, The Woodlands, Texas, USA.

Overby W K, Yost L E, Yost A B. 1988. Analysis of natural fractures observed by borehole video camera in a horizontal well [C]. Paper SPE 119739 MS, presented at the SPE Gas Technology Symposium, 13-15 June, Dallas, Texas, USA.

Paktinat J, Pinkhouse J, Johnson N, et al. 2006. Case study: Optimizing hydraulic fracturing performance in northeastern United States fractured shale formations [C]. Paper SPE 104306 MS, presented at the SPE Eastern Regional Meeting, 11-13 October, Canton, Ohio, USA.

Paktinat J, Pinkhouse J, Little J, et al. 2007a. Investigation of methods to improve Utica Shale hydraulic fracturing in the Appalachian Basin [C]. Paper SPE 111063 MS, presented at the Eastern Regional Meeting, 17-19 October, Lexington, Kentucky USA.

Paktinat J, Pinkhouse J A, Williams C, et al. 2007b. Field case studies: Damage preventions through leakoff control of fracturing fluids in marginal/low-pressure gas reservoirs [J]. SPE 100417 PA. SPE Production & Operations, 22 (3): 357-367.

Palisch T T, Vincent M C, Handren P J. 2008. Slickwater fracturing: Food for thought [J]. SPE 115766 PA. SPE Production & Operations, 25 (3): 327-344.

Palmer I D, Moschovidis Z A, Cameron J R. 2007. Modeling shear failure and stimulation of the Barnett Shale after hydraulic fracturing [C]. Paper SPE 106113 MS, presented at the SPE Hydraulic Fracturing Technology Conference, 29-31 January, College Station, Texas, USA.

Parker M A, Dan B, Petre J E, et al. 2009. Haynesville shale-petrophysical evaluation [C]. Paper SPE 122937 MS, presented at the SPE Rocky Mountain Petroleum Technology Conference, 14-16 April, Denver, Colorado, USA.

Parmely C R. 1989. Gas composition shifts in Devonian Shales [J]. SPE 17033 PA. SPE (Society of Petroleum Engineers) Reservoir Engineering; (USA), 4: 3 (3): 283-287.

Patankar, N A, Joseph D D, Wang J, et al. 2002. Power law correlations for sediment transport in pressure driven channel flows. International Journal of Multiphase Flow, 28 (8): 1269-1292.

Paugh L O. 2008. Marcellus Shale water management challenges in Pennsylvania [C]. Paper SPE 119898 MS, presented at the SPE Shale Gas Production Conference, 16-18 November, Fort Worth, Texas, USA.

Penny G S, Dobkins T A, Pursley J T. 2006. Field study of completion fluids to enhance gas production in the Barnett Shale [C]. Paper SPE 100434 MS, presented at the SPE Gas Technology Symposium, 15-17 May, Calgary, Alberta, Canada.

Pope C, Peters B, Benton T, et al. 2009. Haynesville shale-one operator's approach to well completions in this evolving play [J]. Environmental Politics, (4): 397.

Potapenko D, Tinkham S, Lecerf B, et al. 2009. Barnett Shale refracture stimulations using a novel diversion technique [C]. Paper SPE 119636 MS, presented at the SPE Hydraulic Fracturing Technology Conference, 19-21 January, The Woodlands, Texas, USA.

Potluri N, Zhu D, Hill A. 2005. The effect of natural fractures on hydraulic fracture propagation [C]. Paper SPE 94568 MS, presented at the SPE European Formation Damage Conference, 25-27 May, Sheveningen, The Netherlands.

Pursley J T, Penny G S, Benton J H, et al. 2007. Field case studies of completion fluids to enhance oil and gas production in depleted unconventional reservoirs [C]. Paper SPE 107982 MS, presented at the Rocky Mountain Oil & Gas Technology Symposium, 16-18 April, Denver, Colorado, USA.

Rassenfoss S. 2011. From flowback to fracturing: water recycling grows in the Marcellus Shale [J]. SPE 0711-0048 JPT. Journal of Petroleum Technology, 63 (7): 48-51.

Reyes-Montes J M, Pettitt W, Hemmings B, et al. 2009. Application of relative location techniques to induced microseismicity from hydraulic fracturing [C]. Paper SPE 124620 MS, presented at the SPE Annual Technical Conference and Exhibition, 4-7 October, New Orleans, Louisiana, USA.

Rickman R, Mullen M J, Petre J E, et al. 2008. A practical use of shale petrophysics for stimulation design optimization: All shale plays are not clones of the Barnett Shale [C]. Paper SPE 115258 MS, presented at the SPE Annual Technical Conference and Exhibition, 21-24 September, Denver, Colorado, USA.

Rimassa S M, Howard P R, Blow K A. 2009. Optimizing fracturing fluids from flowback water [C]. Paper SPE 125336 MS, presented at the SPE Tight Gas Completions Conference, 15-17 June, San Antonio, Texas, USA.

Roundtree R, Eberhard M J, Barree R D. 2009. Horizontal, near-wellbore stress effects on fracture initiation [C]. Paper SPE 123589 MS, presented at the SPE Rocky Mountain Petroleum Technology Conference, 14-16 April, Denver, Colorado, USA.

Rytlewski G L, Cook J M. 2006. A study of fracture initiation pressures in cemented cased-hole wells without perforations [C]. Paper SPE 100572 MS, presented at the SPE Gas Technology Symposium, 15-17 May, Calgary, Alberta, Canada.

Salamy S P, Saradji B S, Okoye C O, et al. 1987. Recovery efficiency aspects of horizontal well drilling in Devonian Shale [C]. Paper SPE 16411 MS, presented at the Low Permeability Reservoirs Symposium, 18-19 May, Denver, Colorado, USA.

Samuel R, Liu X. 2009. Wellbore drilling indices, tortuosity, torsion, and energy: what do they have to do with wellpath design? [C]. Paper SPE 124710 MS, presented at the SPE Annual Technical Conference and Exhibition, 4-7 October, New Orleans, Louisiana, USA.

Schein G. 2005. The application and technology of slickwater fracturing [J]. SPE 108807 DL. Society of Petroleum Engineers.

Schettler P D, Parmely C R, Lee W J. 1989. Gas storage and transport in Devonian Shales [J]. SPE 17070 PA. SPE Formation Evaluation, 4 (3): 371-376.

Schweitzer R, Bilgesu H I. 2009. The role of economics on well and fracture design completions of Marcellus Shale wells [C]. Paper SPE 125975 MS, presented at the SPE Eastern Regional Meeting, 23-25 September, Charleston, West Virginia, USA.

Shaw, Stanley J. 1989. Reservoir and stimulation analysis of a Devonian Shale gas field [J]. SPE 15938 PA. SPE (Society of Petroleum Engineers) Production Engineering; (USA), 4: 4.

Siebrits E, Elbel J L, Hoover R S, et al. 2000. Refracture reorientation enhances gas production in Barnett Shale tight gas wells [C]. Paper SPE 63030 MS, presented at the SPE Annual Technical Conference and Exhibition, 1-4 October, Dallas, Texas, USA.

Sinha S, Ramakrishnan H. 2011. A novel screening method for selection of horizontal refracturing candidates in shale gas reservoirs [C]. Paper SPE 144032 MS, presented at the North American Unconventional Gas Conference and Exhibition, 14-16 June, The Woodlands, Texas, USA.

Slatt R M, Singh P, Philp R P, et al. 2008. Workflow for stratigraphic characterization of unconventional gas shales [J]. Intas Polivet, 21 (2): 245-350.

Soeder. 1988. Porosity and permeability of eastern Devonian gas shale [J]. SPE 15213 PA. SPE Formation Evaluation, 3 (1): 116-124.

Soliman M Y, Hunt J L. 1985. Effect of fracturing fluid and its cleanup on well performance [J]. Neurology India, 52 (3): 394-6.

Soliman M, East L, Augustine J. 2010. Fracturing design aimed at enhancing fracture complexity ［C］. Paper SPE 130043 MS, presented at the SPE EUROPEC/EAGE Annual Conference and Exhibition, 14-17 June, Barcelona, Spain.

Sondergeld C H, Newsham K E, Comisky J T, et al. 2010. Petrophysical considerations in evaluating and producing shale gas resources ［C］. Paper SPE 131768 MS, presented at the SPE Unconventional Gas Conference, 23-25 February, Pittsburgh, Pennsylvania, USA.

Tanmay M S. 2014. LPG-based fracturing: An alternate fracturing technique in shale reservoirs ［C］. Paper SPE 170542 MS, presented at the IADC/SPE Asia Pacific Drilling Technology Conference, 25-27 August, Bangkok, Thailand.

Tischler A, Woodworth T, Burton S, et al. 2010. Controlling bacteria in recycled production water for completion and workover operations ［J］. SPE 123450 PA. SPE Production & Operations, 25 (2): 232-240.

Tudor E H, Nevison G W, Allen S, et al. 2009. Case study of a novel hydraulic fracturing method that maximizes effective hydraulic fracture length ［C］. Paper SPE 124480 MS, presented at the SPE Annual Technical Conference and Exhibition, 4-7 October, New Orleans, Louisiana, USA.

Valko P P. 2009. Assigning value to stimulation in the Barnett Shale: A simultaneous analysis of 7000 plus production hystories and well completion records ［C］. Paper SPE 119369 MS, presented at the SPE Hydraulic Fracturing Technology Conference, 19-21 January, The Woodlands, Texas, USA.

Vincent M C. 2009. Examining our assumptions——have oversimplifications jeopardized our ability to design optimal fracture treatments? ［C］. Paper SPE 119143 MS, presented at the SPE Hydraulic Fracturing Technology Conference, 19-21 January, The Woodlands, Texas, USA.

Vulgamore T, Clawson T, Pope C, et al. 2007. Applying hydraulic fracture diagnostics to optimize stimulations in the woodford shale ［C］. Paper SPE 110029 MS, presented at the SPE Annual Technical Conference and Exhibition, 11-14 November, Anaheim, California, USA.

Walsh J B. 1981. Effect of pore pressure and confining pressure on fracture permeability ［J］. Intjrock Mechminsci & Geomechabstr, 18 (5): 429-435.

Waltman C, Warpinski N, Heinze J. 2005. Comparison of single and dual array microseismic mapping techniques in the Barnett Shale ［J］. Seg Technical Program Expanded Abstracts, 24 (1): 1261.

Wang F P, Reed R M. 2009. Pore networks and fluid flow in gas shales ［C］. Paper SPE 124253 MS, presented at the SPE Annual Technical Conference and Exhibition, 4-7 October, New Orleans, Louisiana, USA.

Warpinski N R. 1991. Hydraulic fracturing in tight, fissured media ［J］. SPE 20154 PA. Journal of Petroleum Technology, 43 (2): 146.

Warpinski N R. 2009a. Microseismic monitoring: Inside and out ［J］. SPE 118537 JPT. Journal of Petroleum, Technology 61 (11): 80-85.

Warpinski N R. 2009b. Integrating microseismic monitoring with well completions, reservoir behavior, and rock mechanics ［C］. Paper SPE 125239 MS, presented at the SPE Tight Gas Completions Conference, 15-17 June, San Antonio, Texas, USA.

Warpinski N R, Teufel L W. 1987. Influence of geologic discontinuities on hydraulic fracture propagation ［J］. SPE 13224 PA. Journal of Petroleum Technology, 39 (2): 209-220.

Warpinski N R, Branagan P T. 1988. Altered-stress fracturing ［J］. SPE 17533 PA. Journal of Petroleum Technology, 41 (9): 990-997.

Warpinski N R, Mayerhofer M J, Vincent M C, et al. 2009. Stimulating unconventional reservoirs: maximizing network growth while optimizing fracture conductivity ［J］. SPE 114173 PA. Journal of Canadian Petroleum

Technology, 48 (10): 39-51.

Warren J E, Root P J. 1963. The behavior of naturally fractured reservoirs [J]. Society of Petroleum Engineers Journal, 3 (3): 245-255.

Waters G A, Dean B K, Downie R C, et al. 2009. Simultaneous hydraulic fracturing of adjacent horizontal wells in the Woodford Shale [C]. Paper SPE 119635 MS, presented at the SPE Hydraulic Fracturing Technology Conference, 19-21 January, The Woodlands, Texas, USA.

Wells J D, Amaefule J O. 1985. Capillary pressure and permeability relationships in tight gas sands [C]. Paper SPE 13879 MS, presented at the SPE/DOE Low Permeability Gas Reservoirs Symposium, 19-22 March, Denver, Colorado, USA.

Willberg D M, Steinsberger N, Hoover R, et al. 1998. Optimization of fracture cleanup using flowback analysis [C]. Paper SPE 39920 MS, presented at the SPE Rocky Mountain Regional/Low-Permeability Reservoirs Symposium, 5-8 April, Denver, Colorado, USA.

Woodroof R A, Mahmoud A, Warren M N. 2003. Monitoring fracturing fluid flowback and optimizing fracturing fluid cleanup using chemical frac tracers [C]. Paper SPE 82221 MS, presented at the SPE European Formation Damage Conference, 13-14 May, The Hague, Netherlands.

Xu W, Calvez J H L, Thiercelin M J. 2009a. Characterization of hydraulically-induced fracture network using treatment and microseismic data in a tight-gas sand formation: A geomechanical approach [C]. Paper SPE 125237 MS, presented at the SPE Tight Gas Completions Conference, 15-17 June, San Antonio, Texas, USA.

Xu W, Thiercelin M J, Walton I C. 2009b. Characterization of hydraulically-induced shale fracture network using an analytical/semi-analytical model [C]. Paper SPE 124697 MS, presented at the SPE Annual Technical Conference and Exhibition, 4-7 October, New Orleans, Louisiana, USA.

Yost A B. 1994. Analysis of production response to CO_2/sand fracturing: A case study [C]. Paper SPE 29191 MS, presented at the SPE Eastern Regional Meeting, 8-10 November, Charleston, West Virginia, USA.

Yost A B, Javins B H. 1991. Overview of appalachian basin high-angle and horizontal air and mud drilling [C]. Paper SPE 23445 MS, presented at the SPE Eastern Regional Meeting, 22-25 October, Lexington, Kentucky, USA.

Yost A B, Overbey W K, Carden R S. 1987. Drilling a 2000-ft horizontal well in the Devonian Shale [C]. Paper SPE 16681 MS, presented at the SPE Annual Technical Conference and Exhibition, 27-30 September, Dallas, Texas, USA.

Yost A B, Overby W K, Wilkins D A, et al. 1988. Hydraulic fracturing of a horizontal well in a naturally fractured reservoir: Gas Study for Multiple Fracture Design [C]. Paper SPE 17759 MS, presented at the SPE Gas Technology Symposium, 13-15 June, Dallas, Texas, USA.

Yost A B, Mazza R L, Gehr J B. 1993. CO_2/sand fracturing in Devonian Shales [C]. Paper SPE 26925 MS, presented at the SPE Eastern Regional Meeting, 2-4 November, Pittsburgh, Pennsylvania, USA.

Zelenev A S, Ellena L. 2009. Microemulsion technology for improved fluid recovery and enhanced core permeability to gas [C]. Paper SPE 122109 MS, presented at the 8th European Formation Damage Conference, 27-29 May, Scheveningen, The Netherlands.

Zuber M D, Lee W J. 1987. Effect of stimulation on the performance of Devonian Shale gas wells [J]. SPE 14508 PA. SPE Production Engineering, 2 (4): 250-256.

本书计量单位换算

1 英里（mi）= 1.609344 千米（km）；

1 英尺（ft）= 12 英寸（in）= 0.3048 米（m）；

1 达西（D）= 1000 毫达西（mD）= $1×10^6$ 微达西（MicroD）= $1×10^9$ 纳达西（nD）= 0.9869233 平方微米（μm^2）；

1 磅（lb）= 0.454 千克（kg）；

1 加仑（gal）= 0.00379 立方米（m^3）；

1 桶（bbl）= 0.159 立方米（m^3）；

1 磅/平方英寸（psi）= 0.006895 兆帕（MPa）= 6.895 千帕（kPa），1MMpsia = $1×10^6$ psia；

1 英亩（acre）= 4047 平方米（m^2）；

1 十亿标准立方英尺（Bscf）= $0.2832×10^9$ 立方米（m^3）；

1 百万标准立方英尺（MMscf）= $2.832×10^4$ 立方米（m^3）；

1 千标准立方英尺（Mscf）= 28.32 立方米（m^3）；

1 标准立方英尺（scf）= 0.02832 立方米（m^3）；

1 百万立方英尺/天（MMcf/d）= 2.8317 万立方米/日（m^3/d）；

1 千立方英尺/天（Mcf/d）= 28.317 立方米/日（m^3/d）；

1 桶/分（bpm）= 0.159 立方米/分（m^3/min）；

1 磅/加仑（ppg）= 0.1198 克/立方厘米（g/cm^3）；

1 磅/平方英寸/英尺（psi/ft）= 22.61 千帕/米（kpa/m）；

1 立方英尺（ft^3）= 0.0283 立方米（m^3）；

1 标准桶/天（stb/d）= 0.159 立方米/天（m^3/d）；

1 桶/天（bbl/d）= 0.159 立方米/天（m^3/d）；

1 厘泊（cP）= 1 毫帕·秒（10^{-3}Pa·s）；

1 加仑清水压裂液添加支撑剂磅数（PPA）= 0.4536kg/3.785L = 0.1198kg/L = 120kg/m^3；

1 达因（dyne）= 0.00001 牛顿（N）；

T 华氏度（℉）= t 摄氏度（℃）×1.8+32。